LIBRARY 工学基礎 & 高専TEXT

T5

確率統計

河東泰之 ● 監　修

佐々木良勝／鈴木香織／竹縄知之 ● 共編著

数理工学社

LIBRARY 工学基礎 & 高専 TEXT について

　LIBRARY 工学基礎 & 高専 TEXT は 2012 年から 2015 年にかけて『基礎数学』,『線形代数』,『微分積分』,『応用数学』を刊行した. そして, このたび改訂の第 1 弾として,『基礎数学 [第 2 版]』を出版することとなった. この後,『線形代数 [第 2 版]』(2022 年秋),『微分積分 [第 2 版]』(2023 年秋),『応用数学 [第 2 版]』および新たに『確率統計』(2024 年秋) と刊行を続けていく予定であり, また『応用数学』を除いた教科書には, それぞれに対応した問題集 (の第 2 版) も別に出版される.

　数学があらゆる科学技術の基礎であるということはよく言われる. しかし, 小学校低学年で習う算数が日常生活で必要なことは誰の目にも明らかなのに対し, より進んだ数学が, どのように実社会で有用なのかは, 残念ながらそれほどわかりやすくはない. だが実際に数学, 特に本ライブラリが対象としているような数学は日常生活のあらゆる面で (多くの場合表面からは直接見えない形で) 使われているのである. これらの数学がなければ, 携帯電話はつながらないし, 飛行機も飛ばないし, AI ソフトも動かないし, 病気治療の有効性も判定できないのである. もし数学という手段を持っていなかったとしたら, 我々は今でも江戸時代と変わりないような生活をしていることであろう.

　コンピュータ技術の爆発的な進展に伴い, 数学的な考え方の重要性もまた飛躍的に高まっている. 最近社会的インパクトが盛んに強調されるデータサイエンスの基礎も数学の塊である. 世界の人類は今もさまざまな危機にさらされているが, 社会の構成員がどれだけのレベルの数学的理解を持っているかどうかに, 我々の未来はかかっているのである.

　そこで本ライブラリは, そのような未来を切り開く数学の力を身につける大きな手助けとなるようにと書かれたものである. 最も基礎的なところから始め, 丁寧な解説を加えて一歩ずつ進んでいくことを心がけた. これによって, 単なる目先の試験だけではなく, 一生使っていける数学の深い知識が身につくようになることを目指したものである. 数学を理解するという深い楽しみと喜びを味わってもらえるように願っている.

　2021 年秋　　　　　　　　　　　　　　　　　　　　監修者　河東　泰之

まえがき

　我々は，学習者が数学を理解・修得する際の障壁をできるだけ低くし，手助けをできるだけ手厚くすることを第一義に掲げた教科書として初版を作成した．一見教科書らしからぬ教科書となることをも厭わず，式変形の際の行間の注記や，初学者が混乱・誤解しやすい点についての説明など，実際に教室で学生たちがつまずく点について配慮した記述をし，また，説明の重複を必ずしも厭わず，同じことを異なる箇所で復習できるような記述を心がけた．

　本ライブラリで，例えば三角関数の加法定理など，一つの数学的事実をいくつもの視点から見る体験をしたり，公式をその導出過程も含めて理解することで暗記に頼らない数学のよさを体験できるであろう．数学が得意な人たちは暗記に頼らない．数学が得意になりたい人もまた，そのように学ぶべきであろう．

　執筆にあたり，基本方針は堅持しつつ，より見やすい構成になるよう全面的に見直した．また，国際化が進む時勢に鑑み，索引には英語の綴りを入れた．さらに，例題，問題については，基本的な問題を充実させた．

　本巻で扱う確率統計は実験科学・社会科学において必須の道具であるだけでなく品質管理など実際の現場においても必要なものである．近年の電子計算機の発達により，大量のデータの収集とその分析が可能になり，データサイエンスと称される大きな分野が生まれてきており，確率統計の知識はその基礎となっている．本書は同ライブラリ書目『応用数学』の改訂にあたり確率統計分野を独立させ，各章の内容をわかりやすくするとともに新たに適合度検定など数種の検定，積率母関数，最尤法などを追加した．時間に余裕があれば，これらの内容を学習して実力をつけてほしい．理解しづらい部分や間違いやすい部分には青い文字のメモなどを用いてわかりやすくしている．本書のサポートページにはこの教科書で使用したいくつかの推定や検定などの例題または問題の Excel ファイルをアップしている．必要に応じて利用してほしい．

　この出版計画に際してお声をお掛けくださり，またご監修いただいた東京大学の河東泰之先生に，この場を借りて敬愛と感謝の念を表したい．

　2024 年秋　　　　　　　　　　　　　　　　　　　編著者・執筆者一同

　本書刊行にあたり小山工業高等専門学校の岡田崇先生から貴重なご意見・ご指摘をいただきました．監修者・編著者・著者，編集部一同より厚く御礼を申し上げます．

目　　次

1　データの整理

1.1　1次元データ 1
1.2　2次元データ 12
演習問題 20

2　確　率

2.1　確率の定義と基本性質 22
2.2　いろいろな確率 27
演習問題 33

3　確 率 分 布

3.1　離散型確率分布と二項分布・ポアソン分布 35
3.2　連続型確率分布と正規分布・一様分布 44
演習問題 54

4　2次元確率分布と標本分布

4.1　2次元確率分布 56
4.2　標 本 調 査 66
4.3　いろいろな確率分布 74
演習問題 78

5　推定と検定

5.1　母数の推定 80
5.2　統計的検定 88
5.3　適合度の検定と独立性の検定 99
演習問題 105

A 補 章

A.1	ポアソン分布の導出	107
A.2	χ^2 分布および t 分布の確率密度関数	108
A.3	F 分 布	109
A.4	正規母集団の母平均の差の検定と等分散の検定	111
A.5	積率母関数	123
A.6	中心極限定理の定式化と証明	126
A.7	最 尤 法	128
	演習問題	134

問題解答	**136**
付　表	**148**
索　引	**154**

マイクロソフト製品は米国 Microsoft 社の登録商標または商標です.

その他, 本書で使用している会社名, 製品名は各社の登録商標または商標です.

本書では, ® と ™ は明記しておりません.

■重要語句のルビについて

本ライブラリは手厚い教科書を目指しており, 教育上の配慮から,

すべての太字にルビを振っております.

本書のサポートページ(右の QR コード)はサイエンス社・数理工学社ホームページ

https://www.saiensu.co.jp

をご覧ください.

ギリシア文字一覧

大文字	小文字	読み	大文字	小文字	読み
A	α	アルファ	N	ν	ニュー
B	β	ベータ	Ξ	ξ	グザイ（クシィ）
Γ	γ	ガンマ	O	o	オミクロン
Δ	δ	デルタ	Π	π	パイ
E	ϵ, ε	イプシロン	P	ρ	ロー
Z	ζ	ゼータ（ツェータ）	Σ	σ	シグマ
H	η	イータ（エータ）	T	τ	タウ
Θ	θ	シータ	Υ	υ	ウプシロン
I	ι	イオタ	Φ	φ, ϕ	ファイ
K	κ	カッパ	X	χ	カイ
Λ	λ	ラムダ	Ψ	ψ, ψ	プサイ（プシィ）
M	μ	ミュー	Ω	ω	オメガ

1 データの整理

　人の身長・体重，工業製品の重さなど，ある特性を表す数量を**変量**といい，その測定値や観測値の集まりを**データ**という．この章では，集団における変量のデータがあるとき，その集団がどのような特性をもっているかを知るための方法を学ぶ．

1.1　1次元データ

　新入男子学生の身長，ある都市の毎日の最高気温など，1つの変量に関するデータを1次元データとよぶ．この節ではこのような1次元データを扱う．

度数分布表とヒストグラム　データの数が多いとき，全体の分布の傾向を知るためには，データを表やグラフに整理する必要がある．

例 1.1　次のデータはある高校の2年生男子20名の体重の記録である（単位は [kg]）．

| 53.4 | 56.5 | 67.3 | 62.1 | 64.0 | 51.3 | 74.3 | 56.5 | 63.3 | 55.8 |
| 63.4 | 62.3 | 61.9 | 60.7 | 57.6 | 48.2 | 66.7 | 58.0 | 54.2 | 64.5 |

この体重のデータを幅 5 [kg] の小区間ごとに分け，各小区間に入るデータの個数を数えてまとめたものが下の表である．

階級 [kg]	階級値 [kg]	度数 [人]	累積度数 [人]	相対度数	累積相対度数
45 以上 50 未満	47.5	1	1	0.05	0.05
50 〜 55	52.5	3	4	0.15	0.20
55 〜 60	57.5	5	9	0.25	0.45
60 〜 65	62.5	8	17	0.40	0.85
65 〜 70	67.5	2	19	0.10	0.95
70 〜 75	72.5	1	20	0.05	1.00
合計		20		1.000	

このように作成された表を**度数分布表**という．データを度数分布表にまとめることにより，データ全体の分布の傾向がわかりやすくなる．度数分布表において，区切られた各区間を**階級**，区間の幅を**階級の幅**，各階級の中央の値を**階級値**という．また，各階級に含まれる値の個数を**度数**という．■

前ページの度数分布表において階級の幅は 5 [kg] である．度数分布表を作成する場合にはデータ全体の傾向が読み取れるように階級の幅を適切に選ぶことが大切である．

さらに，全体に占める各階級の度数の割合を求めてデータの傾向を読み取ることがある．各階級の全体に占める割合を**相対度数**，各階級における度数や相対度数を最初の階級からその階級の値まで合計したものをそれぞれ**累積度数**，**累積相対度数**という．例えば，前ページの表から体重が 65 [kg] 未満の生徒の割合が 85% であることが読み取れる．

データの分布の様子は，度数分布表をグラフにすると一層わかりやすくなる．横軸に階級をとり，縦軸に各階級の度数を柱状に表したものを**ヒストグラム**という．例 1.1 の度数分布表をヒストグラムにすると図のようになる．

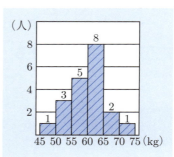

■**注意** データの個数が n の場合，度数分布表を作成するとき，階級の個数 k のひとつの目安として**スタージェスの公式**：

$$k = 1 + \log_2 n$$

が知られている．例 1.1 の場合，$n = 20$ より，

$$k = 1 + \log_2 20 = 5.32$$

となる．よって，階級の数を 5～6 とするとよい．

代表値 度数分布表やヒストグラムでデータの分布を表すことに加え，分布の特徴を数値で示すと全体の傾向を簡潔に表すことができ，また，定量的に比較することもできる．データの全体的な特徴を表す数値をそのデータの**代表値**（だいひょうち）という．代表値としては以下に説明する平均値や中央値や最頻値（さいひんち）がよく用いられる．

変量 x に関する n 個のデータ $x_1, x_2, \ldots, x_n$ についてデータの値の総和を n で割ったものをこのデータの**平均値**（または**平均**（へいきん））といい，$\overline{x}$ で表す．

 [定義] 平均値

$$\overline{x} = \frac{1}{n}\sum_{i=1}^{n} x_i = \frac{x_1 + x_2 + \cdots + x_n}{n}$$

例 1.2 次のデータはある中学生 10 人の英語の小テストの得点である．

| 7 | 6 | 5 | 7 | 4 | 5 | 4 | 3 | 7 | 9 |

このデータの平均値は

$$\frac{1}{10}(7+6+5+7+4+5+4+3+7+9) = \frac{57}{10} = 5.7 \,[点] \quad \blacksquare$$

下のように変量 x のデータが度数分布表で表されているときは各階級に属するデータの値はすべてその階級値に等しいとみなす．

階級値	x_1	x_2	$\cdots$	x_k	計
度数	f_1	f_2	$\cdots$	f_k	n

よって変量 x の平均値は次の式で定義する．

$$\overline{x} = \frac{1}{n}\sum_{i=1}^{k} x_i f_k = \frac{x_1 f_1 + x_2 f_2 + \cdots + x_k f_k}{n}$$

ただし，$f_1 + f_2 + \cdots + f_k = n$ は全度数を表す．

下の表はある高校の男子新入生の身長 x の度数分布表である．

階級値 [cm]	155	160	165	170	175	180	185	計
度数 [人]	2	7	17	38	24	8	4	100

この高校の男子新入生の身長の平均値 $\bar{x}$ は

$$\bar{x} = \frac{155 \times 2 + 160 \times 7 + 165 \times 17 + \cdots + 185 \times 4}{100} = 170.75 \,[\text{cm}] \quad \blacksquare$$

データを大きさの順に並べたとき中央にくる値を **中央値**（**メジアン**）といい，記号 Me で表す．ただしデータの個数が偶数の場合は，中央の 2 つの値の平均値とする．例 1.2 のデータにおいて，データを大きさの順に並べると

$$3 \quad 4 \quad 4 \quad 5 \quad 5 \,\vdots\, 6 \quad 7 \quad 7 \quad 9$$

となるので中央値は $\dfrac{5+6}{2} = 5.5$ 点である．データが度数分布表で与えられたときは，中央値が存在する階級にその階級のデータが等間隔に分布していると考えて中央値を算出する．

例 1.3 の場合，中央値 Me は下から 50 番目と 51 番目の値の平均値になる．これらの値は階級値が 170 [cm] の階級に属する．この階級は 167.5 [cm]〜172.5 [cm] であり，この階級の中に 38 個のデータが均等に分布しているとみなす．

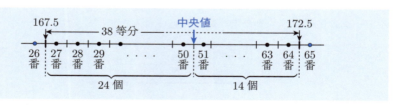

データ 1 個当たりの幅は $\dfrac{172.5 - 167.5}{38} = \dfrac{5}{38}$ [cm] であり，中央値は下端の値 167.5 [cm] に $50 - 26 = 24$ 個分の幅を足した値であるから求める中央値 Me は $Me = 167.5 + \dfrac{5}{38} \times 24 \fallingdotseq 170.67$ [cm] $\quad \blacksquare$

1.1　1次元データ

中央値は分布の中心から極端に離れた値（**外れ値**という）の影響を受けにくい．例えば，1人当たり平均500万円の財産を所有する，1000人の町があったとする．ここに50億円の財産を所有する人が1人引っ越してきたとするとこの町の1人当たりの財産の平均は約999万円になり，ほぼ2倍になる．これにより，町全体が豊かになったと考えるには無理がある．これに対して中央値は下から500番目と501番目の人の財産の平均値から501番目の人の財産の値に変化するが，その値はほとんど変化しない．こちらの方がこの町の人全体の財産の様子をうまく表しているといえよう．このように外れ値の影響を受けにくい性質を**堅牢性**（または**ロバストネス**）という．

また，データにおいて最も多く現れる値を**最頻値**（**モード**）といい，記号 Mo で表す．度数分布表に整理したときは，度数が最も大きい階級の階級値を最頻値とする．例1.2のデータにおいて，最頻値は7点である．最頻値は複数個あることもある．最頻値も外れ値の影響を受けにくい．

これら3つの代表値のどれを用いるのが最も適切であるかはデータの性質と着眼点（関心）による．変化の少ない同質なデータの代表値には平均値の方が適切であることが多い．

―――――― *Let's TRY* ――――――

問 1.1　例1.1のデータについて平均値，中央値，データから直接最頻値を求めよ．また，このデータの度数分布表（p.1）において最頻値を求めよ．

―――――――――――――――――

四分位数　データの最大値と最小値の差を，そのデータの**範囲**（**レンジ**）（記号 R）という．データを小さい方から並べたとき，4等分する位置にくる値を**四分位数**という（次ページの図を参照）．四分位数は，小さい方から，**第1四分位数**，**第2四分位数**，**第3四分位数**といい，それぞれ，Q_1, Q_2, Q_3 で表す．第2四分位数 Q_2 は中央値 Me に他ならない．$Q_3 - Q_1$ を**四分位範囲**（IQR）といい，データの中央の50%を含む範囲である．また，四分位範囲を2で割った値を**四分位偏差**といい，記号 Q で表す．四分位範囲はデータの散らばり具合を表す量であるが，データの両端の四分の一を切り捨てているので外れ値の影響を受けにくい．四分位数の定め方はいろいろあるが，本書では次のように定義する．まず，データ全体の中央値を Q_2 とする．データを大きさの順に並べたもの

を Q_2 を境界にして2等分する．ただし，全データの個数が奇数のときはデータの中央の値を1個とり除いたものを2等分する．2等分したデータのうち，値が Q_2 以下のデータの中央値を Q_1 とし，値が Q_2 以上のデータの中央値を Q_3 とする．

次の2種類のデータに対して最大値 Max，最小値 Min，四分位数 Q_1, Q_2, Q_3 と範囲 R，四分位範囲 IQR，四分位偏差 Q を求める．

(1) データ： $\boxed{1\ 2\ 3\ 4}\ 5\ \boxed{6\ 7\ 8\ 9}$ のとき，

$\text{Min} = 1, \quad Q_1 = 2.5, \quad Q_2 = 5, \quad Q_3 = 7.5, \quad \text{Max} = 9$

$R = 9 - 1 = 8, \quad \text{IQR} = 7.5 - 2.5 = 5, \quad Q = 2.5$

(2) データ： $\boxed{1\ 2\ 3\ 4\ 5}\ \boxed{6\ 7\ 8\ 9\ 10}$ のとき，

$\text{Min} = 1, \quad Q_1 = 3, \quad Q_2 = 5.5, \quad Q_3 = 8, \quad \text{Max} = 10$

$R = 10 - 1 = 9, \quad \text{IQR} = 8 - 3 = 5, \quad Q = 2.5$ ∎

箱ひげ図 データの最小値 Min，第1四分位数 Q_1，中央値 Q_2，第3四分位数 Q_3，最大値 Max を，箱と線（ひげ）を用いて次のように1つの図で表したものを**箱ひげ図**という．箱の横の長さが四分位範囲を表す．

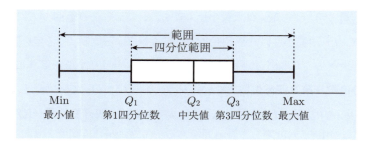

箱ひげ図は次の例題のように複数のデータを比較するのに適している．

例 1.6 AとBの2つの学生グループの数学のテストの点数のデータを次の表で与える．

A	23	28	40	54	64	70	76	83			
B	28	30	39	40	48	52	63	63	67	74	85

このデータに対して最大値 Max，最小値 Min，四分位数 Q_1, Q_2, Q_3 と，範囲 R と四分位範囲 IQR を求め，箱ひげ図を作成すると以下のようになる．

	Min	Q_1	Q_2	Q_3	Max	R	IQR
A	23	34	59	73	83	60	39
B	28	39	52	67	85	57	28

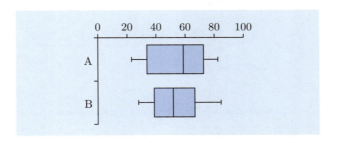

Let's TRY

問 1.2 次の (1), (2) のデータについて最小値 Min，第1四分位数 Q_1，第2四分位数 Q_2，および，第3四分位数 Q_3，最大値 Max を求めよ．また，レンジ R，四分位範囲 IQR，最頻値 Mo を求め，箱ひげ図をかけ．

(1)　5, 4, 8, 7, 6, 4, 6, 5, 2, 3, 7, 5, 5, 2, 3, 8
(2)　3, 4, 8, 9, 8, 7, 6, 2, 5, 5, 6, 7, 5, 8, 4, 1, 8, 4, 3

8　　　　　　　　　　第 1 章　データの整理

分散と標準偏差　変量 x の個々のデータの値 $x_1, x_2, \ldots, x_n$ から平均値 $\overline{x}$ を引いた値 $x_1 - \overline{x}, x_2 - \overline{x}, \ldots, x_n - \overline{x}$ をそれぞれ平均値からの**偏差**といい，$x - \overline{x}$ と表す．この偏差の平均値は

$$\frac{1}{n}\sum_{i=1}^{n}(x_i - \overline{x}) = \frac{1}{n}\left(\sum_{i=1}^{n}x_i - n\overline{x}\right) = \frac{1}{n}\sum_{i=1}^{n}x_i - \overline{x} = \overline{x} - \overline{x} = 0$$

より，常に 0 となる．すなわち，偏差の平均値はデータの散らばり具合を表さない．

　そこで変量 x のデータの散らばり具合を表す量として，変量 x の偏差の 2 乗の平均値 v_x を用い，これを**分散**とよぶ．また，分散 v_x の正の平方根 s_x で**標準偏差**を定義する．

1.2　**[定義] 分散・標準偏差**

$$v_x = \frac{1}{n}\sum_{i=1}^{n}(x_i - \overline{x})^2 = \frac{(x_1 - \overline{x})^2 + (x_2 - \overline{x})^2 + \cdots + (x_n - \overline{x})^2}{n}$$

$$s_x = \sqrt{v_x} = \sqrt{分散}$$

　データが平均値 $\overline{x}$ の周りに集中しているほど，分散 v_x および標準偏差 s_x はともに小さくなる．特に分散が 0 になることと，データがすべて同じ値になることは同値である．分散も標準偏差もデータの散らばりの度合を表す量であるが，変量 x の測定単位が例えば [m] であるとき，分散 v_x の単位は [m^2] となるが，標準偏差 s_x の単位は [m] となり，変量 x と同じ単位となるので標準偏差の方が扱いやすい特徴をもつ．（例えば，測定単位を [m] から [cm] に変換するとデータの値と標準偏差の値は同じ 100 倍になるが，分散の値は 10000 倍になる．）

　なお，分散や標準偏差も平均値と同様に外れ値の影響を受けやすい量であることに注意を要する．

　変量 x のデータの 2 乗の平均値 $\overline{x^2}$ を

$$\overline{x^2} = \frac{1}{n}\sum_{i=1}^{n}x_i^2 = \frac{x_1^2 + x_2^2 + \cdots + x_n^2}{n}$$

で定義するとき，次の定理が成立する．

1.1　1次元データ　　9

1.3　［定理］分散に関する等式

$$v_x = \overline{x^2} - \overline{x}^2 = (x \text{ の 2 乗の平均値}) - (x \text{ の平均値の 2 乗})$$

証明

$$v_x = \frac{1}{n}\sum_{i=1}^{n}(x_i - \overline{x})^2 = \frac{1}{n}\sum_{i=1}^{n}(x_i^2 - 2\overline{x}x_i + \overline{x}^2)$$

$$= \frac{1}{n}\sum_{i=1}^{n}x_i^2 - 2\overline{x}\cdot\frac{1}{n}\sum_{i=1}^{n}x_i + \frac{1}{n}\cdot n\overline{x}^2$$

$$= \overline{x^2} - 2\overline{x}\cdot\overline{x} + \overline{x}^2 = \overline{x^2} - \overline{x}^2 \qquad\blacksquare$$

個々のデータが全体の中でどのような位置にあるかを表す量を考えよう．データ x_i について，その**偏差値** d_i を次で定義する．

$$d_i = 50 + 10 \times \frac{x_i - \overline{x}}{s_x}$$

x_i の値が平均値 $\overline{x}$ と等しいとき偏差値 d_i は 50 となる．x_i の値が平均値 $\overline{x}$ より標準偏差 s_x の値だけ大きいとき偏差値は 60 になり，標準偏差 s_x の値だけ小さいとき偏差値は 40 になる．偏差値は成績の目安として用いられることが多い．

例題 1.1　5 人の学生の体重 x [kg] を調べたところ，以下のようであった．

$$45 \quad 52 \quad 51 \quad 49 \quad 48$$

この 5 人の学生の体重の平均値 $\overline{x}$，分散 v_x，標準偏差 s_x を求めよ．

- -

解

$$\overline{x} = \frac{45 + 52 + 51 + 49 + 48}{5} = 49 \,[\text{kg}]$$

$$v_x = \overline{x^2} - \overline{x}^2 = \frac{45^2 + 52^2 + 51^2 + 49^2 + 48^2}{5} - 49^2 = 6 \,[\text{kg}^2]$$

$$s_x = \sqrt{6} \fallingdotseq 2.44949 \fallingdotseq 2.45 \,[\text{kg}] \qquad\blacksquare$$

10　　　　　　　　　　第 1 章　データの整理

――――――――――――――――――――――――――――― Let's TRY ―――

問 **1.3**　8 人の学生の数学のテストの点数 x は以下のようであった.

| 78 | 63 | 37 | 95 | 72 | 68 | 53 | 84 |

この 8 人の学生の数学のテスト点数 x の平均値 $\overline{x}$, 分散 v_x, 標準偏差 s_x を求めよ.
またこの中の 37 点の偏差値 d を求めよ.

例題 1.2　a, b を定数とする. 変量 x のデータ $x_1, x_2, \ldots, x_n$ に対して変量 y の
データが

$$y_i = ax_i + b \quad (i = 1, 2, \ldots, n)$$

で与えられている. x の平均 $\overline{x}$, 分散 v_x, 標準偏差 s_x と y の平均 $\overline{y}$,
分散 v_y, 標準偏差 s_y の間に次の関係が成り立つことを示せ.

$$\overline{y} = a\overline{x} + b, \quad v_y = a^2 v_x, \quad s_y = |a| s_x$$

- -

解

$$\overline{y} = \frac{1}{n} \sum_{i=1}^{n} y_i = \frac{1}{n} \sum_{i=1}^{n} (ax_i + b)$$

$$= \frac{1}{n} \left(a \sum_{i=1}^{n} x_i + bn \right) = a\overline{x} + b$$

この結果を用いると,

$$v_y = \frac{1}{n} \sum_{i=1}^{n} (y_i - \overline{y})^2 = \frac{1}{n} \sum_{i=1}^{n} \{(ax_i + b) - (a\overline{x} + b)\}^2$$

$$= \frac{1}{n} \sum_{i=1}^{n} a^2 (x_i - \overline{x})^2 = a^2 \frac{1}{n} \sum_{i=1}^{n} (x_i - \overline{x})^2 = a^2 v_x$$

また,

$$s_y = \sqrt{v_y} = \sqrt{a^2 v_x} = |a| \sqrt{v_x} = |a| s_x \qquad \blacksquare$$

1.1 1次元データ **11**

例題 1.3 同じ工程で作成された 10 本の製品の長さを精密に測定した. 製品の長さ $x\,[\mathrm{mm}]$ は以下のようであった.

| 18.53 | 18.54 | 18.52 | 18.55 | 18.56 | 18.53 | 18.50 | 18.51 | 18.56 | 18.54 |

この製品の長さの平均 $\overline{x}$, 分散 v_x, 標準偏差 s_x を求めよ.

- -

解 x のデータに対して $y = 100x - 1853$ と変換すると対応する y のデータは

| 0 | 1 | -1 | 2 | 3 | 0 | -3 | -2 | 3 | 1 |

となる. これより, $\overline{y} = \dfrac{4}{10} = 0.4$, $v_y = \overline{y^2} - \overline{y}^2 = \dfrac{38}{10} - 0.16 = 3.64$ を得る.
$x = \dfrac{1}{100}(y + 1853)$ であるから,

$$\overline{x} = \frac{1}{100}(\overline{y} + 1853) = \frac{1}{100}(1853 + 0.4) = 18.534\,[\mathrm{mm}]$$

$$v_x = \frac{1}{100^2}v_y = \frac{3.64}{10000} = 0.000364\,[\mathrm{mm}^2]$$

$$s_x = \sqrt{v_x} = \frac{\sqrt{3.64}}{100} = \frac{1.908}{100} = 0.01908\,[\mathrm{mm}]$$ ■

■注意 もちろん, 変換しないで x のデータからそのまま $\overline{x}, v_x, s_x$ を求めることもできる. 特に気をつけなければならないことは, 途中の計算で数値を適当に丸めないことである (適当な近似値にしない). 特にこの例題のように変化が少ないデータに対して, 公式 $v_x = \overline{x^2} - \overline{x}^2$ を用いるときは要注意である. 実際, この問題で $\overline{x^2} = 343.50952$ であり, $\overline{x}$ の値を正しい値 $\overline{x} = 18.534$ とすれば, $v_x = 0.000364$ と正しい値がでるが, $\overline{x}$ の値を 0.001 だけ減らして $\overline{x} = 18.533$ とすると $v_x = 0.037431$ となり, 2桁も値が変化する.

―――――――――――――――――――――――――――――― *Let's TRY* ――――――

問 1.4 10 個の製品の重さを測定した. 製品の重さ $x\,[\mathrm{g}]$ は以下のようであった.

| 23.2 | 23.5 | 23.4 | 23.5 | 23.2 | 23.3 | 23.4 | 23.0 | 23.1 | 23.4 |

この製品の重さの平均 $\overline{x}$, 分散 v_x, 標準偏差 s_x を求めよ.

1.2 2次元データ

この節では，2つの変量からなるデータ（2次元データ）を扱う．

相関係数　あるクラスの10人の学生の数学と英語の試験の得点（100点満点）を調べたところ次のようになった．

学生番号	1	2	3	4	5	6	7	8	9	10	平均
数学	68	95	69	30	73	82	98	45	57	87	70.4
英語	48	87	60	47	81	78	94	50	32	60	63.7

数学の点数を x とし，英語の点数を y として図に表すと右のようになる．このような図を**散布図**（または**相関図**）という．この図から数学の点数が高くなると英語の点数も高くなる傾向があることが読み取れる．このようなとき，数学の点数と英語の点数に正の相関があるという．

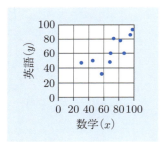

一般に，変量 x が増えるとき，変量 y も増えれば変量 x と y は**正の相関がある**という．逆に，変量 x が増えるとき，変量 y が減少すれば，x と y は**負の相関がある**という．どちらの場合でもないとき，x と y は**相関がない**という．

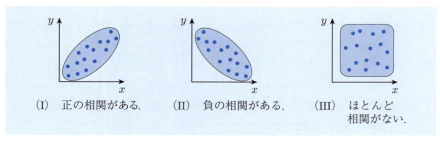

(I) 正の相関がある．　(II) 負の相関がある．　(III) ほとんど相関がない．

この相関を測る尺度として**共分散** c_{xy} と**相関係数** r がある．

共分散：n 個の2次元のデータ

$$(x_1, y_1), (x_2, y_2), \ldots, (x_n, y_n)$$

に対して x の平均を $\bar{x}$, y の平均を $\bar{y}$, x^2 の平均を $\overline{x^2}$, y^2 の平均を $\overline{y^2}$, xy の平均を $\overline{xy}$ とおく．また，x の標準偏差を s_x, y の標準偏差を s_y とおく．このとき xy の共分散を次のように定義する．

1.4 ［定義］共分散

$$c_{xy} = \frac{1}{n}\sum_{i=1}^{n}(x_i - \bar{x})(y_i - \bar{y})$$

各 i について $(x_i - \bar{x})(y_i - \bar{y})$ の値は点 (x_i, y_i) が図の（あ），（う）の領域にあるとき正の値をとり，（い），（え）の領域にあるとき負の値をとる．すなわち共分散 c_{xy} は x と y の間に正の相関があるとき正の値をとり，負の相関があるとき負の値をとると考えてよい．

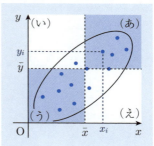

共分散について次の式が成り立つ．

1.5 ［定理］共分散に関する等式

$$c_{xy} = \overline{xy} - \bar{x}\,\bar{y}$$

―― Let's TRY ――

問 1.5 1.5 を証明せよ．

▶ **解く前に** 定義の式を変形してみよ．

相関係数：共分散 c_{xy} はデータにより，いくらでも大きくなったり小さくなったりする．これをある意味で相対化したものが相関係数である．相関係数 r は次式で定義される．

1.6 ［定義］相関係数

$$r = \frac{c_{xy}}{s_x s_y} = \frac{\overline{xy} - \bar{x}\,\bar{y}}{\sqrt{\overline{x^2} - \bar{x}^2}\sqrt{\overline{y^2} - \bar{y}^2}}$$

相関係数には次の性質がある（p.17 の注意参照）.

> **1.7** ［定理］相関係数の性質
> (1) $-1 \leqq r \leqq 1$
> (2) r が 1 に近いとき強い正の相関があり，-1 に近いとき強い負の相関がある．
> (3) すべてのデータが一直線上にある．$\iff$ $r = \pm 1$ となる．
> (4) r が 0 に近いときはほとんど直線的な相関がない．

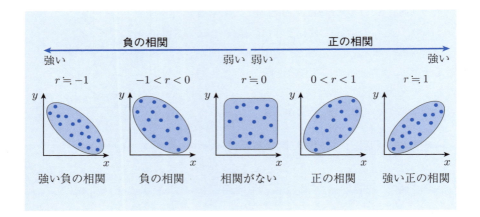

■**注意** データがある点を中心とする円周の上に一様に分布していても相関係数 r は 0 に近い値になる．相関係数 r が 0 であることはデータの分布に**直線的な相関がない**ことであって完全に相関がないわけではない．

■**注意** 相関係数 r の値は，変量 x, y の物理的単位のとり方によらない．例えば，x が長さを表すとき，単位を [m] から [cm] に変えると x の数値データはすべて 100 倍されるが，相関係数の値は変化しない．これに対して共分散の値は 100 倍される．

1.2　2次元データ　　　　**15**

例題 1.4　5人の学生に英語と物理の小テストを行い，以下のデータを得た．

$$(2,4)\quad(7,9)\quad(4,6)\quad(9,10)\quad(3,6)$$

ここで，例えば $(2,4)$ は英語が2点で，物理が4点であることを表す．
英語の点数 x と物理の点数 y について相関係数 r を求めよ．

- -

解　表より

$\overline{x}=5,\quad \overline{y}=7,\quad \overline{x^2}=31.8,$

$\overline{y^2}=53.8,\quad \overline{xy}=40.6$

$s_x=\sqrt{\overline{x^2}-\overline{x}^2}=\sqrt{6.8}$

$s_y=\sqrt{\overline{y^2}-\overline{y}^2}=\sqrt{4.8}$

$c_{xy}=\overline{xy}-\overline{x}\,\overline{y}=5.6$

x	y	x^2	y^2	xy
2	4	4	16	8
7	9	49	81	63
4	6	16	36	24
9	10	81	100	90
3	6	9	36	18
25	35	159	269	203

よって

$$r=\frac{c_{xy}}{s_x\,s_y}=\frac{5.6}{\sqrt{6.8}\times\sqrt{4.8}}=0.980 \qquad\blacksquare$$

──────────────────────────── *Let's TRY* ────

問 1.6　p.12 の試験のデータから，数学の点数 x と英語の点数 y の相関係数 r を求めよ．

問 1.7　表は，10名の学生に数学のテストを2回実施した結果である．1回目の得点 x と2回目の得点 y の相関係数 r を求めよ．

学生番号	1	2	3	4	5	6	7	8	9	10
1回目（x）	47	77	96	43	71	90	55	64	60	80
2回目（y）	30	100	57	48	85	95	53	69	58	75

第1章 データの整理

最小2乗法　2次元データ (x, y) の変量 x と y の間に直線的関係式

$$y = ax + b \quad (a, b \text{ は定数})$$

が成り立つことが予想されるとする．しかし，実際のデータは誤差などのいろいろな原因ですべてのデータが直線的関係式を満たすわけではない．そこで n 個の2次元データ $(x_1, y_1), (x_2, y_2), \ldots, (x_n, y_n)$ から推定される最良の直線的関係式 $y = ax + b$ を求める方法が必要になる．そのために，各 x_i からこの関係式を使って推定される変量 y の理論値 $ax_i + b$ と y の実測値 y_i との差 $y_i - (ax_i + b)$ の2乗の和

$$S = \sum_{i=1}^{n} \{y_i - (ax_i + b)\}^2 \quad \cdots ①$$

を考える．

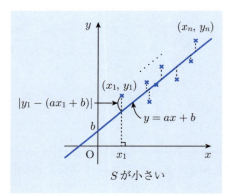
S が小さい

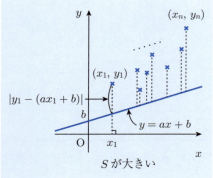
S が大きい

　この S はデータを定めるとき，a と b の2次式となり，直線 $y = ax + b$ が多くのデータから離れた位置にくると，S の値は大きくなる．したがって2乗和 S を最小にする a, b の値をもつ式 $y = ax + b$ が最良の直線的関係式を与えると考えられる．このように定めた直線を x に対する y の**回帰直線**といい，a, b を**回帰係数**という．このようにして回帰直線を求める方法を**最小2乗法**とよぶ．

　回帰係数 a, b を求めよう．①を n で割って次のように変形する．

$$\frac{1}{n}S = \frac{1}{n}\sum_{i=1}^{n}\{y_i - (ax_i + b) + (-\underline{\underline{\overline{y}}} + \underline{\underline{\overline{y}}}) + (a\underline{\overline{x}} - a\underline{\overline{x}})\}^2$$

$$= \frac{1}{n}\sum_{i=1}^{n}\{(y_i - \underline{\underline{\overline{y}}}) - a(x_i - \underline{\overline{x}}) + (\underline{\underline{\overline{y}}} - a\underline{\overline{x}} - b)\}^2 \quad \leftarrow (A - B + C)^2 \text{ の形}$$

$\llcorner (A - B + C)^2 = A^2 + B^2 + C^2 + 2(A - B)C - 2AB \text{ と展開.}$

$$= \frac{1}{n}\sum_{i=1}^{n}(y_i - \overline{y})^2 + a^2\frac{1}{n}\sum_{i=1}^{n}(x_i - \overline{x})^2 + \frac{1}{n}\sum_{i=1}^{n}(\overline{y} - a\overline{x} - b)^2$$

$$+ 2(\overline{y} - a\overline{x} - b)\frac{1}{n}\sum_{i=1}^{n}\{(y_i - \overline{y}) - a(x_i - \overline{x})\}$$

$$- 2a\frac{1}{n}\sum_{i=1}^{n}(x_i - \overline{x})(y_i - \overline{y})$$

$$= s_y^2 + a^2 s_x^2 + (\overline{y} - a\overline{x} - b)^2$$

$$+ 2(\overline{y} - a\overline{x} - b)\{(\overline{y} - \overline{y}) - a(\overline{x} - \overline{x})\} - 2ac_{xy}$$

$$= (\overline{y} - a\overline{x} - b)^2 + a^2 s_x^2 - 2ac_{xy} + s_y^2$$

$$= (\overline{y} - a\overline{x} - b)^2 + \left(s_x a - \frac{c_{xy}}{s_x}\right)^2 - \frac{c_{xy}^2}{s_x^2} + s_y^2$$

$$= (\overline{y} - a\overline{x} - b)^2 + \left(s_x a - \frac{c_{xy}}{s_x}\right)^2 + s_y^2\left(1 - \frac{c_{xy}^2}{s_x^2 s_y^2}\right)$$

$$= (\overline{y} - a\overline{x} - b)^2 + \left(s_x a - \frac{c_{xy}}{s_x}\right)^2 + s_y^2(1 - r^2) \quad \cdots ②$$

ここで c_{xy} は x, y の共分散で r は相関係数である。この最後の式②より S を最小にする a, b は次の式から定まる。

$$a = \frac{c_{xy}}{s_x^2}, \quad b = \overline{y} - a\overline{x} \quad \cdots ③$$

■**注意**　a, b が③で定まる値をとるとき，②より $\frac{1}{n}S$ は最小値 $s_y^2(1 - r^2)$ をとる。①の形より $S \geqq 0$ であるから，$s_y = 0$ という特殊な場合でない限り，$1 - r^2 \geqq 0$. これより相関係数に関する不等式 $-1 \leqq r \leqq 1$ が導かれる。特に $r = \pm 1$ のとき，$S = 0$ となるのですべてのデータ (x_i, y_i) が a, b が③で定まる回帰直線 $y = ax + b$ 上にあることがわかる。

18　　　　第 1 章　データの整理

1.8　回帰直線の方程式

x に対する y の回帰直線 $y = ax + b$ の回帰係数は次式より定まる．

$$a = \frac{c_{xy}}{v_x} = \frac{c_{xy}}{s_x^2}, \quad b = \overline{y} - a\overline{x}$$

例題 1.5　5 人の学生の物理のテストの得点 x と数学のテストの得点 y（10 点満点）を調べたところ次のようになった．相関係数 r と，物理の得点 x に対する数学の得点 y の回帰直線を求めよ．

学生	a	b	c	d	e
物理	6	9	7	3	6
数学	4	8	6	2	7

解　右の表より

$$\overline{x} = 6.2, \quad \overline{y} = 5.4, \quad \overline{x^2} = 42.2,$$

$$\overline{y^2} = 33.8, \quad \overline{xy} = 37.2$$

$$s_x = \sqrt{\overline{x^2} - \overline{x}^2} = \sqrt{3.76}$$

$$s_y = \sqrt{\overline{y^2} - \overline{y}^2} = \sqrt{4.64}$$

$$c_{xy} = \overline{xy} - \overline{x}\,\overline{y} = 3.72$$

学生	x	y	x^2	y^2	xy
a	6	4	36	16	24
b	9	8	81	64	72
c	7	6	49	36	42
d	3	2	9	4	6
e	6	7	36	49	42
	31	27	211	169	186

よって相関係数 r は

$$r = \frac{c_{xy}}{s_x s_y} = \frac{3.72}{\sqrt{3.76} \times \sqrt{4.64}} = 0.8906$$

となる．また回帰係数 a, b は

$$a = \frac{c_{xy}}{v_x} = 0.98936, \quad b = \overline{y} - a\overline{x} = -0.73404$$

となるので x に対する y の回帰直線は

$$y = 0.989x - 0.734 \quad \cdots ①$$

■

1.2 2次元データ

■**注意** y に対する x の回帰直線を $x = cy + d$ とおくと, 回帰係数 c, d は

$$c = \frac{c_{xy}}{s_y^2}, \quad d = \overline{x} - c\overline{y}$$

で定まる. この例題の場合, この直線の方程式は

$$x = 0.80172y + 1.87069 \iff y = 1.247x - 2.333$$

となるが, これは x に対する y の回帰直線①と一致していないことがわかる. 一般に x に対する y の回帰直線と y に対する x の回帰直線は一致しない.

———————————————————————— *Let's TRY* ————

問 1.8 p.12 の試験のデータから, 数学の点数 x に対する英語の点数 y の回帰直線を求めよ. また y に対する x の回帰直線も求めよ.

問 1.9 次のデータはある野球チームの 5 人の選手の背筋力 [kgw] と遠投距離 [m] を表したものである. このデータからこの選手たちの背筋力 x に対する遠投距離 y の回帰直線の方程式を求めよ.

選手	a	b	c	d	e
背筋力 (x) [kgw]	175	166	149	138	138
遠投距離 (y) [m]	115	105	100	88	92

問 1.10 n 個の 2 次元データ $(x_1, y_1), (x_2, y_2), \ldots, (x_n, y_n)$ がある. 次の問いに答えよ.

(1) x に対する y の回帰直線の方程式が

$$\frac{y - \overline{y}}{s_y} = r\frac{x - \overline{x}}{s_x}$$

で与えられることを示せ. ただし r は相関係数とする.

(2) x に対する y の回帰直線の方程式と, y に対する x の回帰直線の方程式が一致するための条件は $r = \pm 1$ であることを示せ.

第1章　演習問題A

1 次の 10 人の学生の身長 x（単位は [cm]）を調べたところ，以下のデータを得た.

165	172	180	175	168	173	177	170	181	173

この 10 人の学生の身長の平均 $\overline{x}$，分散 v_x，標準偏差 s_x を求めよ．また，四分位数 Q_1, Q_2, Q_3 を求めよ.

2 次のデータはある高校の 1 年生の男子 8 人の 50 m 走の記録である（単位は [秒]）．次の問いに答えよ.

7.3	8.1	6.9	7.4	7.7	7.5	6.5	7.2

(1) この男子の 50 m 走の記録を x とおく．式 $y = 10x - 73$ で変換した y の平均 $\overline{y}$ と標準偏差 s_y を求めよ.

(2) (1) の結果より，x の平均 $\overline{x}$ と標準偏差 s_x を求めよ.

3 次の表は，男子学生 10 名の体力測定の結果である．このデータをプロットし，体重 x と握力 y の共分散 c_{xy}，相関係数 r，および，体重 x に対する握力 y の回帰直線の方程式を求めよ.

学生番号	1	2	3	4	5	6	7	8	9	10
体重 (x) [kg]	53	80	72	83	71	90	55	68	86	49
握力 (y) [kgw]	30	61	43	53	38	67	36	57	63	40

4 5 人の学生について数学と国語の小テストを行い，以下のデータを得た.

(5,6)	(9,3)	(3,7)	(7,4)	(4,6)

ここで，例えば $(5,6)$ は数学が 5 点で，国語が 6 点であることを表す．数学の点数を x，国語の点数を y とするとき，次の問いに答えよ.

(1) 数学の点数 x の平均 $\overline{x}$，分散 v_x，標準偏差 s_x と，国語の点数 y の平均 $\overline{y}$，分散 v_y，標準偏差 s_y を求めよ.

(2) 数学の点数 x と国語の点数 y の間の相関係数 r を求めよ.

(3) 数学の点数 x に対する，国語の点数 y の回帰直線の方程式を求めよ.

第1章　演習問題B　　21

第1章　演習問題 B

5 次のデータについて，a の値と平均値 $\bar{x}$ を求めよ．

(1) 4個のデータが $[\ 7,\ \ 9,\ \ a,\ \ 4-a\ ]$ でその分散が 10

(2) 5個のデータが $[\ 3,\ \ 5,\ \ 7,\ \ a,\ \ 4a\ ]$ でその標準偏差が 2

6 次の表はあるテストの 90 人の成績を A, B, C の 3 つのグループに分けて採点し，計算したものである．次の値を小数第 2 位を四捨五入して答えよ．

(1) 90 人の成績の平均値

(2) 90 人の成績の標準偏差

	人数	平均	標準偏差
A	40	58	4
B	30	66	3
C	20	69	6

7 5 個の正の数があり，各数の 2 乗の和は 75 であり，異なる 2 数の積の和は 107 である．この 5 個の数の平均と分散を求めよ．

8 変量 x, y の n 個のデータ $(x_1, y_1), (x_2, y_2), \ldots, (x_n, y_n)$ について

$$u_i = ax_i + b, \quad v_i = cy_i + d \quad (i = 1, 2, \ldots, n)$$

により，2 つの変量 u, v を定める．ここで a, b, c, d は定数で $ac > 0$ とする．x, y の相関係数を r_{xy}，u, v の相関係数を r_{uv} とするとき，$r_{xy} = r_{uv}$ であることを示せ．

9 2 つの変量 x, y があり，この x と y の間には，理論的に関係式 $y = ax^b$ が成立することがわかっている．2 つの変量 x, y のデータは表のようになっている．以下の方法を用いて定数 a, b の値を求めよ．

［方法］$\log_{10} x = X$, $\log_{10} y = Y$ とおくと X と Y の間に直線的な関係式が成り立つ．そこに最小 2 乗法を適用する．

データ	1	2	3	4	5	6
量 x	1.31	1.82	2.53	3.71	4.23	6.12
量 y	1.56×10^2	8.01×10^2	4.73×10^3	2.76×10^4	3.81×10^4	2.88×10^5

2 確率

確率とは偶然に支配されたことがらが起こる確からしさを数値で表したものである．確率は統計力学や量子力学にも使われ，また，統計の基礎にもなっている．この章では，このような確率に関する基本的な事柄を学習する．

2.1 確率の定義と基本性質

事象と確率　「さいころを振って出る目を確かめる」，「1枚の硬貨を投げて表が出るか裏が出るかを調べる」など，同じ条件のもとで何度も繰り返すことができ，しかも，どの結果が起こるかが偶然に決まるような実験や観測を**試行**という．「偶数の目が出る」，「表が出る」など，試行の結果として起こる事柄を**事象**という．

ある試行において起こり得る結果全体を**全事象**といい，記号 Ω で表す．事象は集合を用いて表す．全事象 Ω の1個の要素で表される事象を**根元事象**という．正しく作られたさいころでは，1から6までのどの目も同程度に出ると期待される．このように1つの試行においてすべての根元事象が同じ程度に起こると期待されるとき，これらの根元事象は**同様に確からしい**という．ある試行において全事象 Ω が有限個の根元事象からなるとし，すべての根元事象が同様に確からしい場合を考える．事象 A を構成する根元事象の数を $n(A)$ で表す．このとき事象 A の起こる**確率** $P(A)$ を

$$P(A) = \frac{n(A)}{n(\Omega)}$$

で定義する．

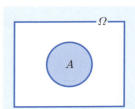

例 2.1 1個のさいころを振って出る目を調べる試行において全事象 Ω は

$$\Omega = \{1, 2, 3, 4, 5, 6\}$$

であり，根元事象は $\{1\}, \{2\}, \{3\}, \{4\}, \{5\}, \{6\}$ である．これらの根元事象は同様に確からしいと考えることができる．この試行で偶数の目が出るという事象を A とすると $A = \{2, 4, 6\}$ であり，偶数の目が出る確率 $P(A)$ は

$$P(A) = \frac{n(A)}{n(\Omega)} = \frac{3}{6} = \frac{1}{2}$$ ■

例 2.2 2枚の硬貨を投げて表・裏の出方を調べる試行において3つの事象「2枚とも表」，「表と裏」，「2枚とも裏」は同様に確からしくない．根元事象は2枚の硬貨を区別し，第1の硬貨の表・裏と第2の硬貨の表・裏を順番に並べたもの，例えば，$\{(表, 裏)\}$ であり，全事象 Ω は

$$\{(表, 表)\}, \ \{(表, 裏)\}, \ \{(裏, 表)\}, \ \{(裏, 裏)\}$$

の4つの根元事象から構成される．1枚ごとの硬貨の表と裏の出る割合が等しいのでこれらの根元事象は同様に確からしいと考えることができる．

「表と裏」が出る事象を A とすると

$$A = \{(表, 裏), \ (裏, 表)\}$$

となるから，「表と裏」が出る事象 A の確率 $P(A)$ は

$$P(A) = \frac{n(A)}{n(\Omega)} = \frac{2}{4} = \frac{1}{2}$$ ■

——————————————————— *Let's TRY* ———————————————————

問 2.1 大小2個のさいころを同時に振ったとき，さいころの目の和が10以上になる確率を求めよ．

問 2.2 青玉5個と赤玉3個の計8個が入った袋がある．この袋から3個の玉を同時に取り出すとき，青玉2個と赤玉1個を取り出す確率を求めよ．

積事象，和事象，余事象の確率 ある試行において事象 A と事象 B が同時に起こる事象を A と B の**積事象**といい，記号 $A \cap B$ で表す．同様に，事象 A と事象 B の少なくとも一方が起こる事象を A と B の**和事象**といい，記号 $A \cup B$ で表す．また，事象 A に対して A が起こらないという事象を A の**余事象**といい，記号 $\overline{A}$ で表す．根元事象を1つも含まない事象を**空事象**といい，空集合の記号 $\emptyset$ で表す．事象 A と事象 B が $A \cap B = \emptyset$ を満たすとき，A と B は**互いに排反である**という．

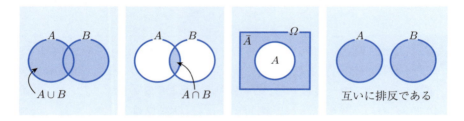

例 2.3

1個のさいころを振って出る目を調べる試行において偶数の目が出る事象を A，3または5の目が出る事象を B，および3以下の目が出る事象を C とすると

$$A = \{2, 4, 6\}, \quad B = \{3, 5\}, \quad C = \{1, 2, 3\}$$

となる．A と B の和事象 $A \cup B$，B と C の和事象 $B \cup C$ は

$$A \cup B = \{2, 3, 4, 5, 6\}, \quad B \cup C = \{1, 2, 3, 5\}$$

である．A と B の積事象 $A \cap B$，B と C の積事象 $B \cap C$ は

$$A \cap B = \emptyset, \quad B \cap C = \{3\}$$

であり，これより，A と B は互いに排反であることがわかる．また，A と B の余事象は

$$\overline{A} = \{1, 3, 5\}, \quad \overline{B} = \{1, 2, 4, 6\}$$

である．

これらの事象の確率について次のことが成立する．

2.1 確率の定義と基本性質 **25**

> **2.1** **確率の基本性質**
>
> (1) 任意の事象 A について $0 \leqq P(A) \leqq 1$
>
> (2) 全事象と空事象の確率 $P(\Omega) = 1, \quad P(\emptyset) = 0$
>
> (3) **確率の加法定理**
>
> $$P(A \cup B) = P(A) + P(B) - P(A \cap B)$$
>
> (3′) A と B が互いに排反のとき,
>
> $$P(A \cup B) = P(A) + P(B)$$
>
> (4) 余事象の確率 $P(\overline{A}) = 1 - P(A)$

証明 (1) $0 \leqq n(A) \leqq n(\Omega)$ が成り立つから,3 辺を $n(\Omega)$ で割れば,

$$0 \leqq P(\Omega) \leqq 1$$

(2) $P(\Omega) = \dfrac{n(\Omega)}{n(\Omega)} = 1$

$n(\emptyset) = 0$ より $P(\emptyset) = \dfrac{n(\emptyset)}{n(\Omega)} = 0$

(3) $n(A \cup B) = n(A) + n(B) - n(A \cap B)$ より,

$$P(A \cup B) = \frac{n(A \cup B)}{n(\Omega)}$$

$$= \frac{n(A)}{n(\Omega)} + \frac{n(B)}{n(\Omega)} - \frac{n(A \cap B)}{n(\Omega)}$$

$$= P(A) + P(B) - P(A \cap B)$$

(3′) A と B が互いに排反のとき,

$$n(A \cap B) = 0$$

よって (3) より成立.

(4) $n(\overline{A}) = n(\Omega) - n(A)$ より成立. ■

(1) 1から50までの数字を1つずつかいた50枚のカードがある．この中から1枚のカードを引くとき，そのカードにかかれた数字が3または5の倍数である確率を求めよ．

(2) 2個のさいころを同時に振るとき，異なる目が出る確率を求めよ．

解 (1) 引いたカードの数が3の倍数であるという事象を A とし，5の倍数であるという事象を B とすると，$A \cap B$ はカードの数が15の倍数であるという事象である．

$$A = \{3 \times 1,\ 3 \times 2,\ 3 \times 3, \ldots, 3 \times 16\} \text{ より}, \quad n(A) = 16$$

$$B = \{5 \times 1,\ 5 \times 2,\ 5 \times 3, \ldots, 5 \times 10\} \text{ より}, \quad n(B) = 10$$

$$A \cap B = \{15 \times 1,\ 15 \times 2,\ 15 \times 3\} \text{ より}, \quad n(A \cap B) = 3$$

これより

$$P(A) = \frac{16}{50}, \quad P(B) = \frac{10}{50}, \quad P(A \cap B) = \frac{3}{50}$$

よって，カードにかかれた数字が3または5の倍数であるという事象は $A \cup B$ であるから，求める確率は

$$P(A \cup B) = P(A) + P(B) - P(A \cap B) = \frac{16}{50} + \frac{10}{50} - \frac{3}{50} = \frac{23}{50}$$

(2) 「異なる目が出る」という事象は「同じ目が出る」という事象の余事象である．2個のさいころの目の出方はさいころを区別して $6 \times 6 = 36$ 通りあり，「同じ目が出る」のはそのうち6通りであるから，求める確率は

$$1 - \frac{6}{36} = \frac{5}{6} \qquad \blacksquare$$

―――― *Let's TRY* ――――

問 2.3 ジョーカーを除いた1組52枚のトランプから2枚を取り出すとき，2枚ともハート，または，2枚とも絵札である確率を求めよ．

問 2.4 4本の当たりくじが入っている11本のくじがある．この中から3本を取り出すとき，少なくとも1本が当たりくじである確率を求めよ．

2.2 いろいろな確率

この節では,条件付き確率,反復試行の確率,ベイズの定理について学ぶ.反復試行の確率はさまざまな場面で使われる.

条件付き確率 $P(A) \neq 0$ とする.事象 A が起こった状況のもとで事象 B が起こる確率を,事象 A が起こったときの事象 B が起こる**条件付き確率**といい,記号 $P_A(B)$ で表す.すなわち

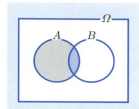

$$P_A(B) = \frac{n(A \cap B)}{n(A)} = \frac{\frac{n(A \cap B)}{n(\Omega)}}{\frac{n(A)}{n(\Omega)}} = \frac{P(A \cap B)}{P(A)}$$

■**注意** 条件付き確率 $P_A(B)$ を記号 $P(B|A)$ と表すこともある.

例 2.4 男性 60 人,女性 40 人の計 100 人の男女にある政策について賛否を尋ねた結果,表のようになった.この 100 人の男女から無作為に 1 人を選ぶとする.この政策に賛成である人を

	賛成	反対	計
男性	36	24	60
女性	20	20	40
計	56	44	100

選んだとき,男性である確率を求めよう.賛成である人を選ぶという事象を A,男性を選ぶ事象を B とするとき,求める確率は A が起こったときの B が起こる条件付き確率であるから

$$P_A(B) = \frac{n(A \cap B)}{n(A)} = \frac{36}{56} = \frac{9}{14}$$ ■

また,この定義から次の式が成立することがわかる.

2.2 確率の乗法定理

$$P(A \cap B) = P(A)P_A(B) = P(B)P_B(A)$$

28 　　　　　　　　第 2 章　確　率

―――――――――――――――――――――― *Let's TRY* ―

問 2.5　大小 2 個のさいころを同時に振って，目の和が 5 になる事象を A，目の積が 5 以下になる事象を B とする．このとき次の確率を求めよ．

(1)　$P(A \cap B)$　　　(2)　$P_A(B)$

問 2.6　3 本の当たりくじが入っている 10 本のくじがあるとする．このくじを A, B の順に引くとする．A は引いたくじをもとに戻さないとする．次の確率を求めよ．

(1)　A が当たりくじを引いたとき，B が当たりくじを引く確率

(2)　B が当たりくじを引く確率

(3)　B が当たりくじを引いたとわかったとき，A が当たりくじを引いていた確率

独立事象　52 枚の 1 組のトランプから 1 枚引くとき，ハートを引く事象を A，絵札を引く事象を B とすると

$$P_A(B) = \frac{3}{13}, \quad P_{\overline{A}}(B) = \frac{9}{39} = \frac{3}{13}, \quad P(B) = \frac{12}{52} = \frac{3}{13}$$

となるから，$P_A(B) = P_{\overline{A}}(B) = P(B)$ が成り立つ．すなわち，ハートを引く，引かないにかかわらず，絵札を引く確率は変わらないだけでなく，カード全体から絵札を引く確率に等しいことを意味する．一般に 2 つの事象 A, B の間に

$$P_A(B) = P(B)$$

の関係が成り立つとき，確率の乗法定理 **2.2** より，

$$P(A \cap B) = P(A)P(B)$$

が成り立つ．逆に $P(A \cap B) = P(A)P(B)$ が成り立つとき，$P(A) \neq 0, P(B) \neq 0$ であれば **2.2** より $P_A(B) = P(B), P_B(A) = P(A)$ が成り立つ．よって，事象 A が起こることが事象 B の起こる確率に影響を与えないこと，および，事象 B が起こることが事象 A の起こる確率に影響を与えないことがわかる．

　以上のことから 2 つの事象の独立を次のように定義する．

> **2.3**　**[定義] 事象の独立**
>
> 　事象 A, B が互いに独立　$\Longleftrightarrow$　$P(A \cap B) = P(A)P(B)$

例 2.5 1個のさいころを2回振る．1回目に3の目が出る事象を A，2回目に5の目が出る事象を B とする．このとき

$$P(A) = \frac{1}{6}, \quad P(B) = \frac{1}{6}, \quad P(A \cap B) = \frac{1}{36}$$

より，$P(A \cap B) = P(A)P(B)$ が成り立つ．
よって事象 A と事象 B は独立である． ∎

―――― *Let's TRY* ――――

問 2.7 大小2個のさいころを同時に振って，2つの目の和が4以下になる事象を A，2つの目が等しいという事象を B とする．2つの事象 A と B は互いに独立かどうか答えよ．

3つ以上の事象については事象の独立性を次のように定義する．n を正の整数とする．一般に n 個の事象 $A_1, A_2, \ldots, A_n$ があり，n 以下の任意の正の整数 k と k 個の任意の事象 $A_{i_1}, A_{i_2}, \ldots, A_{i_k}$ について

$$P(A_{i_1} \cap A_{i_2} \cap \cdots \cap A_{i_k}) = P(A_{i_1})P(A_{i_2}) \cdots P(A_{i_k})$$

が成り立つとき，$A_1, A_2, \ldots, A_n$ は**互いに独立である**という．

■**注意** 例えば，「3つの事象 A, B, C が互いに独立である」とは次の4つの式がすべて成立することである．

$$P(A \cap B) = P(A)P(B), \quad P(B \cap C) = P(B)P(C),$$

$$P(C \cap A) = P(C)P(A), \quad P(A \cap B \cap C) = P(A)P(B)P(C)$$

―――― *Let's TRY* ――――

問 2.8 $1, 2, 3, 4$ の数字の目が等しい確率で出る電子さいころがある．さいころを1回作動させて1または3の目が出る事象を $\{1, 3\}$ のように表す．3つの事象 A, B, C を

$$A = \{1, 2\}, \quad B = \{1, 3\}, \quad C = \{1, 4\}$$

と定めるとき，確率 $P(A), P(B), P(C), P(A \cap B), P(B \cap C), P(C \cap A), P(A \cap B \cap C)$ を求めよ．また，事象 A と事象 B は互いに独立かどうか答えよ．事象 B と事象 C，および事象 C と事象 A はどうか，さらに3つの事象 A, B, C は互いに独立かどうか答えよ．

反復試行の確率　硬貨やさいころを投げる場合のように毎回同じ条件で繰り返すことができる試行で，各回の事象の起こる確率が他の回の試行の結果に影響されないような試行を**独立試行**という．また，このような独立試行を繰り返すとき，これを**反復試行**という．

さいころを 4 回振るとき，1 回の試行で 5 または 6 の目が出ることを 1 つの事象とみなすとそれが 3 回出る場合の数は $_4C_3$ 通りある．

1回目	2回目	3回目	4回目	確率
●	●	●	×	$\frac{1}{3} \cdot \frac{1}{3} \cdot \frac{1}{3} \cdot \frac{2}{3}$
●	●	×	●	$\frac{1}{3} \cdot \frac{1}{3} \cdot \frac{2}{3} \cdot \frac{1}{3}$
●	×	●	●	$\frac{1}{3} \cdot \frac{2}{3} \cdot \frac{1}{3} \cdot \frac{1}{3}$
×	●	●	●	$\frac{2}{3} \cdot \frac{1}{3} \cdot \frac{1}{3} \cdot \frac{1}{3}$

［●：5 または 6 の目が出る，×：5, 6 以外の目が出る］

各回の試行は独立であり，それぞれの確率はどれも $\left(\frac{1}{3}\right)^3 \left(\frac{2}{3}\right)^1$ となる．
以上により，5 または 6 の目が 3 回出る確率は

$$_4C_3 \left(\frac{1}{3}\right)^3 \left(\frac{2}{3}\right)^1 = 4 \times \frac{1}{27} \times \frac{2}{3} = \frac{8}{81}$$

一般に反復試行の確率について次が成り立つ．

2.4　反復試行の確率

1 回の試行で事象 A が起こる確率を p とする．n 回の反復試行で事象 A が r 回起きる確率は $_nC_r\, p^r (1-p)^{n-r}$

――― Let's TRY ―――

問 2.9　赤玉 2 個と白玉 4 個の計 6 個の玉が入っている袋から，玉を 1 個取り出しては色を見て袋に戻す．この操作を 5 回繰り返すとき，次の確率を求めよ．
(1) 赤玉を 2 回取り出す確率　　(2) 少なくとも 1 回は赤玉を取り出す確率

問 2.10　1 枚の硬貨を 10 回投げるとき，次の確率を求めよ．
(1) 7 回表が出る確率　　(2) 表が 2 回以上出る確率

2.2 いろいろな確率　　**31**

ベイズの定理　ある事象が排反するいくつかの事象が原因となって起きるとする．その事象が起こったとき，原因となる事象が起きた確率を求めよう．

例題 2.2　A 工場の部品には不良品が 2%，B 工場の部品には不良品が 4%，C 工場の部品には不良品が 7% 含まれることがわかっている．A 工場の部品，B 工場の部品，C 工場の部品をこの順に 3 : 2 : 1 の割合で混ぜた大量の部品の中から，1 個取り出すとき，次の確率を求めよ．

(1)　不良品である確率

(2)　不良品であることがわかったとき，それが A 工場の部品である確率

- -

解　(1)　取り出した部品が A 工場の部品である事象を A とし，B 工場の部品，C 工場の部品である事象をそれぞれ，B, C とする．また，不良品である事象を F とする．A, B, C は互いに排反であり，$A \cup B \cup C$ は全事象 Ω であるから

$$F = \Omega \cap F = (A \cup B \cup C) \cap F = (A \cap F) \cup (B \cap F) \cup (C \cap F)$$

となる．$A \cap F, B \cap F, C \cap F$ は互いに排反であるから，不良品である確率は

$$P(F) = P(A \cap F) + P(B \cap F) + P(C \cap F)$$

$$= P(A)P_A(F) + P(B)P_B(F) + P(C)P_C(F)$$

$$= \frac{3}{6} \times \frac{2}{100} + \frac{2}{6} \times \frac{4}{100} + \frac{1}{6} \times \frac{7}{100} = \frac{21}{600} = \frac{7}{200}$$

(2)　求める確率は条件付確率 $P_F(A)$ であるから，

$$P_F(A) = \frac{P(A \cap F)}{P(F)} = \frac{P(A)P_A(F)}{P(F)} = \frac{\frac{6}{600}}{\frac{21}{600}} = \frac{6}{21} = \frac{2}{7} \qquad ■$$

この例題においては，$P_F(A)$ は事象 F が起こったとき，事象 A がその原因であった確率を表す．このような $P_F(A)$ を事象 A の**事後確率**といい，これに対して $P(A)$ を A の**事前確率**という．一般に，互いに排反な k 個の事象 $A_1, A_2, \ldots, A_n$ のいずれかが原因となって事象 B が起こるとき，事前確率と事後確率の間に次の定理が成り立つ．

32　　　　　　　　　　第2章　確　率

2.5　ベイズの定理

n を自然数とし，事象 $A_1, A_2, \ldots, A_n$ は互いに排反な事象で

$$A_1 \cup A_2 \cup \cdots \cup A_n = \Omega$$

が成り立つとする．このとき，$P(B) > 0$ である事象 B について次が成り立つ．

$$P_B(A_k) = \frac{P(A_k)P_{A_k}(B)}{P(B)} = \frac{P(A_k)P_{A_k}(B)}{\displaystyle\sum_{i=1}^{n} P(A_i)P_{A_i}(B)} \quad (k = 1, 2, \ldots, n)$$

証明　例題 2.2 の解のように集合の分配法則を用いると

$$B = \Omega \cap B = (A_1 \cap B) \cup (A_2 \cap B) \cup \cdots \cup (A_n \cap B)$$

となる．$A_1 \cap B, A_2 \cap B, \ldots, A_n \cap B$ は互いに排反であるから

$$P(B) = P(A_1 \cap B) + P(A_2 \cap B) + \cdots + P(A_n \cap B)$$

$$= P(A_1)P_{A_1}(B) + P(A_2)P_{A_2}(B) + \cdots + P(A_n)P_{A_n}(B)$$

$$= \sum_{i=1}^{n} P(A_i)P_{A_i}(B)$$

が成り立つ．よって任意の k $(k = 1, 2, \ldots, n)$ について

$$P_B(A_k) = \frac{P(B \cap A_k)}{P(B)} = \frac{P(A_k)P_{A_k}(B)}{P(B)} = \frac{P(A_k)P_{A_k}(B)}{\displaystyle\sum_{i=1}^{n} P(A_i)P_{A_i}(B)} \quad ■$$

Let's TRY

問 **2.11**　3つの壺 A, B, C があり，壺 A には赤玉 4 個と白玉 1 個，壺 B には赤玉 2 個と白玉 2 個，壺 C には赤玉 1 個と白玉 3 個が入っている．これらの中の任意の 1 つの壺から 1 個玉を取り出したところ，赤玉であった．壺 A から取り出した確率を求めよ．ただし，どの壺にも同じ確率で手をいれるとし，どの壺においてもどの玉も同じ確率で取り出されるとする．

第2章　演習問題 A

1 赤玉 3 個と白玉 2 個の計 5 個の玉が入っている袋がある．この袋から玉を 1 個取り出して色を見ては玉を戻す．この操作を 4 回繰り返すとき，次の確率を求めよ．

  (1)　赤玉を 2 回取り出す確率

  (2)　白玉を少なくとも 1 回取り出す確率

2 最初，原点にあった点 $P(x, y)$ を次のように動かす．さいころを振って 1, 2, 3 のいずれかの目が出れば x 座標を 1 増やし，4, 5 のいずれかの目が出れば y 座標を 1 増やし，6 が出れば動かさないとする．

  (1)　3 回振ったとき，点 P が点 $(1, 1)$ にある確率を求めよ．

  (2)　4 回振ったとき，点 P が点 $(2, 2)$ にある事象を A とし，4 回以内に点 P が点 $(1, 1)$ を通過している事象を B とする．確率 $P(A)$ と，A が起こったときに B が起こる条件付き確率 $P_A(B)$ を求めよ．

  (3)　5 回振ったとき，点 P が点 $(2, 2)$ にある確率を求めよ．

3 8 本のくじの中に当たりくじが 3 本ある．a さん，b さんの順に 1 本ずつくじを引く．引いたくじはもとに戻さないものとする．a さんが当たりくじを引く事象を A とし，b さんが当たりくじを引く事象を B とする．次の問いに答えよ．

  (1)　確率 $P(A)$ を求めよ．

  (2)　確率 $P(B)$ を求めよ．

  (3)　条件付き確率 $P_B(A)$ を求めよ．

  (4)　A と B は互いに独立かどうか答えよ．

4 4 人でじゃんけんを 1 回だけ行う．次の確率を求めよ．

  (1)　1 人だけが勝つ確率

  (2)　2 人だけが勝つ確率

  (3)　あいこになる確率

5 ある工場で 2 種類の機械 A, B を使って同じ製品を作っている．A と B の生産の割合は 3 : 2 であり，不良品の出る率はそれぞれ 4%, 5% である．次の確率を求めよ．

  (1)　1 個の製品を選んだとき，それが不良品である確率

  (2)　1 個の不良品を選んだとき，それが機械 A による製品である確率

第2章　確　率

第2章　演習問題 B

6 青玉 2 個と赤玉 3 個と白玉 4 個の計 9 個の玉が入っている袋がある．次の確率を求めよ．

  (1)　5 個の玉を取り出すとき，青玉が 1 個，赤玉が 2 個，白玉が 2 個となる確率

  (2)　この袋から，玉を 1 個ずつ取り出す．玉は戻さない．3 番目に取り出した玉が青玉であるとき，1 番目と 2 番目で白玉が 1 度も出ていない条件付き確率

7 1 個のさいころを繰り返し n 回振って，出た目をすべて掛け合わせた数を X_n とする．次の確率を求めよ．

  (1)　X_n が 3 で割り切れる確率 p_n

  (2)　X_n が 6 で割り切れる確率 q_n

8 赤玉 1 個と白玉 2 個が入った袋 A と白玉 4 個だけが入っている袋 B がある．2 つの袋から同時に 1 個ずつ玉を取り出して互いに相手の袋に入れる．この操作を n 回繰り返した後に，袋 A に赤玉が入っている確率を p_n とする．次の確率を求めよ．

  (1)　p_1　　(2)　p_2　　(3)　p_n　（n は自然数）

9 25% の確率でうそをつく 3 人の人がいる．表と裏が同じ割合で出る硬貨を投げたところ，この 3 人全員が「表が出た」といった．本当に表が出た確率を求めよ．

10 n を 3 以上の整数とする．n 人でじゃんけんを行うとき，次の確率を求めよ．

  (1)　1 回目の勝負で勝者がただひとり決まる確率

  (2)　1 回目の勝負で勝者がちょうど 2 人決まる確率

  (3)　1 回目の勝負で勝者が決まらない確率

11 箱の中に 13 枚のカードがあり，それぞれ 1 から 13 までの数字がかいてある．この中からカードを 1 枚取り出し，もとに戻すことを n 回繰り返す．このとき取り出されたカードにかかれていた n 個の数字の合計が偶数である確率を p_n とする．次の確率を求めよ．

  (1)　p_1　　(2)　p_2　　(3)　p_n　（n は自然数）

3 確率分布

この章では，前章で学んだ事象と確率に，確率変数と確率分布の概念を導入し，その基本的な性質といくつかの重要な確率分布を学習する．中でも二項分布や正規分布は身近で応用範囲の広い確率分布である．

3.1 離散型確率分布と二項分布・ポアソン分布

この節ではとびとびの値をとる確率分布（**離散型確率分布**）を扱う．また，その代表的な分布である二項分布とポアソン分布について学ぶ．

確率分布 硬貨を 3 回投げたとき，表の出る回数を X とすると，X のとり得る値は $0, 1, 2, 3$ の 4 通りの値に限られ，X が各値をとる確率は表のようになる．

X	0	1	2	3	計
確率	$\frac{1}{8}$	$\frac{3}{8}$	$\frac{3}{8}$	$\frac{1}{8}$	1

ここで $X = 1$ となる確率が $\frac{3}{8}$ であることを $P(X = 1) = \frac{3}{8}$ とかくことにする．この X のように，試行の結果によってどの値をとるか決まり，それらの各値をとる確率が定まっている変数のことを**確率変数**という．また，確率変数のとり得る値とその値をとる確率の対応を**確率分布**といい，上のようにこの対応を表にしたものを**確率分布表**という．

1 つのさいころを振って出る目を X とすると X は確率変数で，その確率分布は次のようになる．

X	1	2	3	4	5	6	計
確率	$\frac{1}{6}$	$\frac{1}{6}$	$\frac{1}{6}$	$\frac{1}{6}$	$\frac{1}{6}$	$\frac{1}{6}$	1

36　　　　　　　　第 3 章　確率分布

　一般に確率変数 X のとり得る値を $x_1, x_2, \ldots, x_n$ とし，各値をとる確率が次で与えられているとする．

X	x_1	x_2	$\cdots$	x_n	計
確率	p_1	p_2	$\cdots$	p_n	1

(1) 各確率は 0 以上で，(2) 全事象の確率は 1 である．つまり，次の式が成立する．

3.1　**離散型確率分布の条件**

(1)　$p_i \geqq 0 \quad (i = 1, 2, \ldots, n)$

(2)　$\displaystyle\sum_{i=1}^{n} p_i = p_1 + p_2 + \cdots + p_n = 1$

確率変数の期待値　　100 本のくじの中に 500 円の当たりくじが 4 本，100 円の当たりくじが 16 本あり，残り 80 本が 10 円の当たりくじとする．このくじの賞金総額は

金額 [円]	500	100	10	計
本数 [本]	4	16	80	100
確率	$\frac{4}{100}$	$\frac{16}{100}$	$\frac{80}{100}$	1

$$500 \times 4 + 100 \times 16 + 10 \times 80 = 4400 \, [\text{円}]$$

であるから，このくじを 1 本ひいたとき，賞金総額をくじの本数 100 で割った金額

$$500 \times \frac{4}{100} + 100 \times \frac{16}{100} + 10 \times \frac{80}{100} = 44 \, [\text{円}]$$

が当たると期待できる．上記の式からわかるように，この金額は賞金額とその賞金額のくじをひく確率の積の総和と表せる．

　一般に $P(X = x_i) = p_i \quad (i = 1, 2, \ldots, n)$ で与えられる確率分布があるとき

$$E[X] = \sum_{i=1}^{n} x_i p_i = x_1 p_1 + x_2 p_2 + \cdots + x_n p_n$$

を確率変数 X の**期待値**または**平均**という．

　また，確率変数 X の関数 $\varphi(X)$ について $\varphi(x_i)$ の値がすべて異なるとき

$$P(\varphi(x_i)) = p_i \quad (i = 1, 2, \ldots, n)$$

と定めると $\varphi(X)$ も確率変数であり，その期待値は

$$E[\varphi(X)] = \sum_{i=1}^{n} \varphi(x_i)p_i = \varphi(x_1)p_1 + \varphi(x_2)p_2 + \cdots + \varphi(x_n)p_n \quad \cdots (*)$$

で与えられる．$\varphi(x_i)$ の値の中に同じ値をもつものがあっても $\varphi(X)$ は確率変数とみなせ，$\varphi(X)$ の期待値も $(*)$ で与えられる．

例 3.2　1 個のさいころを振って出る目 X の期待値 $E[X]$ は例 3.1 より

$$E[X] = 1 \times \frac{1}{6} + 2 \times \frac{1}{6} + 3 \times \frac{1}{6} + 4 \times \frac{1}{6} + 5 \times \frac{1}{6} + 6 \times \frac{1}{6} = \frac{7}{2}$$

また，X^2 の期待値 $E[X^2]$ は

$$E[X^2] = 1^2 \times \frac{1}{6} + 2^2 \times \frac{1}{6} + 3^2 \times \frac{1}{6} + 4^2 \times \frac{1}{6} + 5^2 \times \frac{1}{6} + 6^2 \times \frac{1}{6} = \frac{91}{6} \quad ■$$

確率変数の期待値に関して次の性質がある．

3.2　期待値の性質

(1) c を定数とすると $E[c] = c$ ← $E[c]$ の c は X の値にかかわらず一定値 c をとる確率変数．

(2) $\varphi(X), \psi(X)$ を確率変数 X の関数，a, b を定数とすると
$$E[a\varphi(X) + b\psi(X)] = aE[\varphi(X)] + bE[\psi(X)]$$

証明　確率分布を $P(X = x_i) = p_i \ (i = 1, 2, \ldots, n)$ とおく．

(1) $E(c) = \sum_{i=1}^{n} cp_i = c \sum_{i=1}^{n} p_i = c \cdot 1 = c$

(2) (左辺) $= \sum_{i=1}^{n} \{a\varphi(x_i) + b\psi(x_i)\}p_i = a \sum_{i=1}^{n} \varphi(x_i)p_i + b \sum_{i=1}^{n} \psi(x_i)p_i$
　　　$=$ (右辺)　■

―――― *Let's TRY* ――――

問 3.1　1 つのさいころを振って出る目の数を X とするとき，次の期待値を求めよ．
(1) $E[8X - 5]$　(2) $E[(3X + 2)^2]$

確率変数の分散と標準偏差　確率変数 X の期待値（平均）を μ とおく（すなわち $E[X] = \mu$）とき，X の平均からのへだたり（偏差）の 2 乗 $(X-\mu)^2$ の期待値を X の**分散**といい，$V[X]$ で表す．また分散 $V[X]$ の正の平方根 $\sqrt{V[X]}$ を X の**標準偏差**といい，$S[X]$ で表す．

以上をまとめると

3.3　［定義］確率変数の分散と標準偏差

$E[X] = \mu$ とおくとき，X の分散 $V[X]$ と標準偏差 $S[X]$ は

$$V[X] = E[(X-\mu)^2] = \sum_{i=1}^{n}(x_i - \mu)^2 p_i$$
$$= (x_1 - \mu)^2 p_1 + (x_2 - \mu)^2 p_2 + \cdots + (x_n - \mu)^2 p_n$$
$$S[X] = \sqrt{V[X]}$$

■**注意**　第 1 章において変量 x のデータの平均値，分散，標準偏差をそれぞれ $\overline{x}, v_x, s_x$ と表していた．このように確率変数とデータでは異なる記号を使う．

■**注意**　確率変数 X の期待値，分散，標準偏差のことを，それぞれ，X がしたがう確率分布の**平均**，**分散**，**標準偏差**ともいう．$S[X]$ が小さいとき，確率変数 X のとる値はこの確率分布の平均の近くに集中する．

例 3.3　右の確率分布表で定まる確率変数 X の期待値は

X	0	1	2	3	計
確率	$\frac{1}{8}$	$\frac{3}{8}$	$\frac{3}{8}$	$\frac{1}{8}$	1

$$E[X] = 0 \times \frac{1}{8} + 1 \times \frac{3}{8} + 2 \times \frac{3}{8} + 3 \times \frac{1}{8} = \frac{3}{2}$$

である．よって，分散は

$$V[X] = \left(0 - \frac{3}{2}\right)^2 \times \frac{1}{8} + \left(1 - \frac{3}{2}\right)^2 \times \frac{3}{8} + \cdots + \left(3 - \frac{3}{2}\right)^2 \times \frac{1}{8} = \frac{3}{4}$$

となる．標準偏差は $S[X] = \sqrt{V[X]} = \sqrt{\frac{3}{4}} = \frac{\sqrt{3}}{2}$　∎

3.1 離散型確率分布と二項分布・ポアソン分布 **39**

確率変数の分散について次の公式が成立する.

3.4 **［定理］偏差確率変数の分散の性質**

$$V[X] = E[X^2] - (E[X])^2$$

証明 $E[X] = \mu$ とおくと

$$\begin{aligned}
V[X] &= E[(X - \mu)^2] = E[X^2 - 2\mu X + \mu^2] \\
&= E[X^2] - 2\mu E[X] + E[\mu^2] \\
&= E[X^2] - 2\mu \cdot \mu + \mu^2 \\
&= E[X^2] - \mu^2 \\
&= E[X^2] - (E[X])^2
\end{aligned}$$

■

Let's TRY

問 3.2 p.35 の例 3.1 の確率変数 X について分散と標準偏差を求めよ.

また,確率変数 X の 1 次式 $aX + b$ については次が成り立つ.

3.5 **［定理］確率変数の 1 次式の期待値と分散**

$$E[aX + b] = aE[X] + b,$$

$$V[aX + b] = a^2 V[X]$$

Let's TRY

問 3.3 定理 **3.5** を証明せよ.

問 3.4 確率変数 X の期待値を μ,分散を σ^2 とする.このとき $Z = \dfrac{X - \mu}{\sigma}$ で表される確率変数 Z について $E[Z] = 0, V[Z] = 1$ が成り立つことを示せ.

■**注意** 問 3.4 において確率変数 Z を確率変数 X の **標 準 化**という.

40　　　　　　　　　　　第 3 章　確 率 分 布

二項分布　1 つのさいころを 4 回振るとき，1 または 2 の目が出る回数を X とする．このとき

$$P(X=k) = {}_4\mathrm{C}_k \left(\frac{1}{3}\right)^k \left(\frac{2}{3}\right)^{4-k} \quad (k=0,1,2,3,4)$$

が成り立ち（例 2.6 参照），X の確率分布は下の表のようになる．

X	0	1	2	3	4	計
確率	$\frac{16}{81}$	$\frac{32}{81}$	$\frac{24}{81}$	$\frac{8}{81}$	$\frac{1}{81}$	1

　同様に，1 回の試行で事象 A が起こる確率が p であるような試行を n 回繰り返すとき，事象 A が起こる回数を X とする．X の確率分布は式

$$P(X=k) = {}_n\mathrm{C}_k\, p^k (1-p)^{n-k} \quad (k=0,1,2,\dots,n)$$

で与えられる．この確率分布を**二項分布**といい，記号 $B(n,p)$ で表す．上の例であげた確率分布は二項分布 $B\left(4,\frac{1}{3}\right)$ である．

　二項分布にしたがう確率変数の期待値と分散について次が成り立つ（例 4.6，例題 A.6 参照）．

3.6　**［定理］二項分布の平均と分散**

確率変数 X が二項分布 $B(n,p)$ にしたがうとき

$$E[X] = np, \quad V[X] = np(1-p)$$

証明　$1-p = q$ とおく．$f(x) = (px+q)^n$ とおくと，二項定理 より

『基礎数学［第 2 版］』**7.3** 参照

$$f(x) = \sum_{k=0}^{n} {}_n\mathrm{C}_k\,(px)^k q^{n-k} = \sum_{k=0}^{n} {}_n\mathrm{C}_k\, p^k q^{n-k} x^k$$

これを微分すると

$$f'(x) = \sum_{k=0}^{n} k\, {}_n\mathrm{C}_k\, p^k q^{n-k} x^{k-1}$$

$$f''(x) = \sum_{k=0}^{n} k(k-1)\, {}_n\mathrm{C}_k\, p^k q^{n-k} x^{k-2}$$

これより

$$E[X] = \sum_{k=0}^{n} k\, P(X=k) = \sum_{k=0}^{n} k\, {}_n\mathrm{C}_k\, p^k q^{n-k} = f'(1)$$

$$E[X^2] = \sum_{k=0}^{n} k^2\, P(X=k) = \sum_{k=0}^{n} k^2\, {}_n\mathrm{C}_k\, p^k q^{n-k}$$

$$= \sum_{k=0}^{n} k(k-1)\, {}_n\mathrm{C}_k\, p^k q^{n-k} + \sum_{k=0}^{n} k\, {}_n\mathrm{C}_k\, p^k q^{n-k}$$

$$= f''(1) + f'(1)$$

となる. $f'(x) = np(px+q)^{n-1}$, $f''(x) = n(n-1)p^2(px+q)^{n-2}$ であるから, $p+q=1$ に注意すると

$$E[X] = f'(1) = np(p+q)^{n-1} = np$$

$$V[X] = E[X^2] - (E[X])^2 = f''(1) + f'(1) - (np)^2$$
$$= n(n-1)p^2 + np - n^2p^2 = n(p - p^2) = np(1-p) \quad \blacksquare$$

例 3.4 さいころを 12 回振って 5 の目が出る回数を X とするとき, 確率変数 X は二項分布 $B\left(12, \frac{1}{6}\right)$ にしたがう. このとき X の平均 $E[X]$ と分散 $V[X]$ は

$$E[X] = 12 \times \frac{1}{6} = 2, \quad V[X] = 12 \times \frac{1}{6} \times \frac{5}{6} = \frac{5}{3} \quad \blacksquare$$

Let's TRY

問 3.5 1 枚の百円玉を 6 回投げるとき, 表の出る回数を X とする. X の確率分布表を作り, X の期待値 μ と分散 σ^2 の値を定理 3.6 を用いずに求めよ. また, このとき定理 3.6 が成立していることを確かめよ.

問 3.6 白玉 2 個と黒玉 3 個が入っている袋から 1 個ずつ玉を取り出して色を見て袋に戻す. この操作を 100 回繰り返したとき, 黒玉の出る回数を X とする. X の期待値 $E[X]$, 分散 $V[X]$, 標準偏差 $S[X]$ を求めよ.

42   第 3 章 確 率 分 布

ポアソン分布　λ を正の定数とする．確率変数 X の確率分布が

$$P(X = k) = \frac{\lambda^k}{k!}e^{-\lambda} \quad (k = 0, 1, 2, \ldots)$$

で表されるとき，この分布を**ポアソン分布**といい，記号 $Po(\lambda)$ と表す．実際，e^x のマクローリン展開の公式より

$$\sum_{k=0}^{\infty} \frac{\lambda^k}{k!}e^{-\lambda} = e^{-\lambda}\left(1 + \lambda + \frac{\lambda^2}{2!} + \frac{\lambda^3}{3!} + \cdots\right) = e^{-\lambda}e^{\lambda} = 1$$

が成り立つので確率分布になっている．

ポアソン分布にしたがう確率変数の期待値と分散について次が成り立つ．

3.7　**［定理］ポアソン分布の平均と分散**

確率変数 X がポアソン分布 $Po(\lambda)$ にしたがうとき

$$E[X] = \lambda, \quad V[X] = \lambda$$

例題 3.1　1 日に平均 3 回電話がかかってくる家がある．この家に 1 日にかかってくる電話の回数を X とする．X はポアソン分布にしたがうとして，電話がかかってくる回数が 2 回以下である確率を求めよ．

- -

解　平均 $E[X] = \lambda$ が 3 であるポアソン分布であるから

$$P(X = k) = \frac{3^k}{k!}e^{-3} \quad (k = 0, 1, 2, \ldots)$$

が成り立つ．求める確率は

$$P(X \leqq 2) = P(X = 0) + P(X = 1) + P(X = 2)$$
$$= e^{-3} + 3e^{-3} + \frac{3^2}{2!}e^{-3} = \frac{17}{2}e^{-3} = 0.4232 \qquad ■$$

Let's TRY

問 3.7　ある町の水道水 1 [mL] 中に含まれる細菌の個体数 X は平均が 3.8 のポアソン分布にしたがっている．この水道水 1 [mL] の中の細菌が 1 個以下である確率を求めよ．

3.1 離散型確率分布と二項分布・ポアソン分布 **43**

確率変数 X が二項分布 $B(n, p)$ にしたがうとき，X の期待値 np $(= \lambda)$ を一定に保ちながら，n を大きくすると（したがって p は小さくなる）$X = k$ $(k = 0, 1, 2, \ldots)$ となる確率は平均 λ のポアソン分布 $Po(\lambda)$ の確率

$$P(X = k) = \frac{\lambda^k}{k!} e^{-\lambda}$$

に近づくことが知られている（A.1 節参照）．すなわち二項分布 $B(n, p)$ は n が十分に大きく，p が十分に小さいとき，平均が $\lambda = np$ であるポアソン分布で近似することができる．このことから，ポアソン分布は稀にしか起こらない事象に関する試行を多数回行ったときに，事象の起こる回数の確率分布であることがわかる．夜空に一定時間に見られる流れ星の回数，単位時間当たりの放射線の計数値，1 時間に特定の交差点を通過する車両の台数など，ポアソン分布にしたがうとみなされる事例は少なくない．

例題 3.2 ある工場で大量に生産されるある部品の不良品の割合は 0.3% であることがわかっている．この製品を 500 個取り出したとき，不良品が 2 個以上ある確率を求めよ．

- -

解 不良品の個数を X とおくと X は二項分布 $B(500, 0.003)$ にしたがう．$n = 500$ が大きく，$p = 0.003$ が小さいので

$$\lambda = np = 1.5$$

より，X は近似的にポアソン分布 $Po(1.5)$ にしたがう．よって求める確率は

$$P(X \geqq 2) = 1 - \{P(X = 0) + P(X = 1)\}$$

$$= 1 - (1 + 1.5)e^{-1.5} = 0.4422 \qquad \blacksquare$$

■**注意** 二項分布で直接計算すると $P(X \geq 2) = 0.4424$ となり，確かに近似することがわかる．

Let's TRY

問 3.8 800 人の中に誕生日がある特定の日（例えば 8 月 1 日）である人が 3 人以上いる確率を求めよ．ただし，誕生日に偏りがないものとする．

3.2 連続型確率分布と正規分布・一様分布

この節では，連続的な値をとる確率変数とその確率分布を扱い，その中でも特に重要な正規分布について学ぶ．

確率密度関数　硬貨を 10 回投げたとき，表の出る回数を X とすると X は 0 から 10 までの整数の値をとり得る．この X のようにとびとびの値をとる確率変数を**離散型確率変数**という．X の値 k ($k = 0, 1, \ldots, 10$) について高さが確率 $P(X = k)$ に等しく，幅が 1 の柱で表したヒストグラムを描くと下のようになる．X が 2 以上，5 以下となる確率（$P(2 \leqq X \leqq 5)$ などと表す）は図の斜線部の面積で表される．

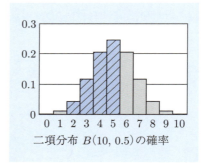

二項分布 $B(10, 0.5)$ の確率

上記のような離散型確率変数に対して確率変数 X がある範囲の実数全体をとり得るとき，X を**連続型確率変数**という．

いま，0 以上の実数値をとる関数 $f(x)$ により，X が a 以上 b 以下である確率が

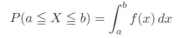

$$P(a \leqq X \leqq b) = \int_a^b f(x)\, dx$$

で表されるとする．この $f(x)$ を**確率密度関数**という．確率 $P(a \leqq X \leqq b)$ は図の斜線部の面積で表される．確率は負の値はとらないこと，および，全事象の確率は 1 であるから確率密度関数 $f(x)$ は次の式を満たさなければならない．

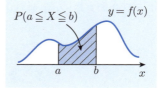

3.8　確率密度関数の条件

$$f(x) \geqq 0 \quad \text{かつ} \quad \int_{-\infty}^{\infty} f(x)\, dx = 1$$

■**注意**　連続型確率変数がある 1 つの値 a をとる確率は $\int_a^a f(x)\, dx = 0$ となる．

例題 3.3

X の確率密度関数が

$$f(x) = \begin{cases} kx(4-x) & (0 \leq x \leq 4) \\ 0 & (x < 0 \text{ または } 4 < x) \end{cases}$$

で与えられるとき，定数 k の値を求めよ．また確率 $P(0 \leq X \leq 1)$ を求めよ．

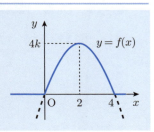

解

$$\int_{-\infty}^{\infty} f(x)\,dx = \int_0^4 kx(4-x)\,dx = k\left[2x^2 - \frac{x^3}{3}\right]_0^4 = \frac{32}{3}k$$

であるから，$\dfrac{32}{3}k = 1$．よって $k = \dfrac{3}{32}$

$$\begin{aligned} P(0 \leq X \leq 1) &= \int_0^1 f(x)\,dx \\ &= \frac{3}{32}\int_0^1 x(4-x)\,dx \\ &= \frac{3}{32} \times \frac{5}{3} = \frac{5}{32} \end{aligned}$$

■

Let's TRY

問 3.9 X の確率密度関数が

$$f(x) = \begin{cases} k(3-x) & (|x| \leq 3) \\ 0 & (|x| > 3) \end{cases}$$

で与えられるとき，次の問いに答えよ．
(1) 定数 k の値を求めよ．
(2) 確率 $P(-1 \leq x \leq 2)$ を求めよ．

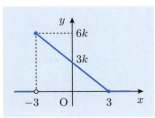

連続型確率変数 X の確率密度関数を $f(x)$ とするとき，X の期待値（平均）$E[X]$，分散 $V[X]$，標準偏差 $S[X]$ は次の式で定義される．

3.9 ［定義］連続型確率変数の期待値・分散・標準偏差

(1) $E[X] = \displaystyle\int_{-\infty}^{\infty} x f(x)\, dx \quad (= \mu \text{ とおく})$

(2) $V[X] = E[(X-\mu)^2] = \displaystyle\int_{-\infty}^{\infty} (x-\mu)^2 f(x)\, dx$

(3) $S[X] = \sqrt{V[X]}$

■**注意** 連続型確率分布の期待値の定義式において $f(x)\,dx$ は確率変数 X が微小区間 $[x, x+dx]$ に存在する確率を表し，離散型分布の期待値の定義式の p_i に対応する．また，積分記号は離散型確率分布の定義式の総和記号に対応する（p.36, 38 参照）．

離散型確率分布と同様，連続型確率分布についても次の公式が成立する．

3.10 ［定理］連続型確率変数の分散の公式

$$V[X] = E[X^2] - (E[X])^2$$

証明 $E[X] < \infty,\ E[X^2] < \infty$ のときにのみ示す．$E[X] = \mu$ とおく．

$$\begin{aligned}
V[X] &= \int_{-\infty}^{\infty}(x-\mu)^2 f(x)\,dx = \int_{-\infty}^{\infty}(x^2 - 2\mu x + \mu^2) f(x)\,dx \\
&= \int_{-\infty}^{\infty} x^2 f(x)\,dx - 2\mu \int_{-\infty}^{\infty} x f(x)\,dx + \mu^2 \int_{-\infty}^{\infty} f(x)\,dx \\
&= E[X^2] - 2\mu \cdot E[X] + \mu^2 \cdot 1 \\
&= E[X^2] - 2\mu \cdot \mu + \mu^2 = E[X^2] - \mu^2 = E[X^2] - (E[X])^2
\end{aligned}$$
■

―――― *Let's TRY* ――――

問 3.10 a, b を $a < b$ を満たす定数とする．確率変数 X の確率密度関数が

$$f(x) = \begin{cases} \dfrac{1}{b-a} & (a \leqq x \leqq b) \\ 0 & (x < a\ \text{または}\ b < x) \end{cases}$$

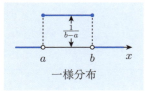

一様分布

で与えられるとき，X の確率分布を閉区間 $[a, b]$ 上の**一様分布**という．X の期待値 $E[X]$ と分散 $V[X]$ を求めよ．

3.2 連続型確率分布と正規分布・一様分布 **47**

例題 3.4

連続型確率変数 X の確率密度関数を $f(x)$ とするとき

$$F(x) = P(X \leqq x) = \int_{-\infty}^{x} f(x)\,dx$$

で定められる関数 $F(x)$ を X の（**累積**）**分布関数**という．次の (1), (2), (3) を証明し，(4) に答えよ．ただし，(3), (4) においては $f(x)$ は連続と仮定する．

(1) $F(x)$ は単調非減少，すなわち，$x_1 < x_2$ ならば $F(x_1) \leqq F(x_2)$

(2) $\displaystyle\lim_{x \to \infty} F(x) = 1$　　(3) $F'(x) = f(x)$

(4) $Y = X^2$ の確率密度関数 $g(y)$ を求めよ．

- -

解 (1) 常に $f(x) \geqq 0$ であるから，$x_1 < x_2$ のとき，

$$F(x_1) = \int_{-\infty}^{x_1} f(x)\,dx \leqq \int_{-\infty}^{x_1} f(x)\,dx + \int_{x_1}^{x_2} f(x)\,dx = F(x_2)$$

(2) $\displaystyle\lim_{x \to \infty} F(x) = \int_{-\infty}^{\infty} f(x)\,dx = 1$

(3) 微分積分学の基本定理（『微分積分 [第 2 版]』第 3 章参照）より

$$F'(x) = \frac{d}{dx} \int_{-\infty}^{x} f(x)\,dx = f(x)$$

(4) $Y = X^2$ の分布関数を $G(y)$ とおくと，$y > 0$ のとき

$$\begin{aligned}
G(y) &= P(X^2 < y) \\
&= P(-\sqrt{y} < X < \sqrt{y}) = F(\sqrt{y}) - F(-\sqrt{y})
\end{aligned}$$

であるから，(3) と合成関数の微分法（『微分積分 [第 2 版]』 **2.17** 参照）より

$$\begin{aligned}
g(y) &= \frac{d}{dy} G(y) = F'(\sqrt{y}) \frac{d}{dy}\sqrt{y} - F'(-\sqrt{y}) \frac{d}{dy}(-\sqrt{y}) \\
&= f(\sqrt{y}) \frac{1}{2\sqrt{y}} + f(-\sqrt{y}) \frac{1}{2\sqrt{y}} = \frac{f(\sqrt{y}) + f(-\sqrt{y})}{2\sqrt{y}}
\end{aligned}$$

となる．$y < 0$ のとき，$G(y) = 0$ であるから，$g(y) = G'(y) = 0$ ∎

正規分布 μ を定数,σ を正の定数とするとき,確率密度関数 $f(x)$ が

$$f(x) = \frac{1}{\sqrt{2\pi}\,\sigma} \exp\left(-\frac{(x-\mu)^2}{2\sigma^2}\right)$$

で表される確率分布を**正規分布**といい,記号 $N(\mu, \sigma^2)$ で表す.ここで指数関数 e^x を $\exp(x)$ と表した.

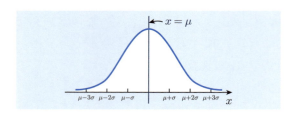

測定誤差の分布,成人の身長の分布など正規分布とみなされるものは数多くあり,正規分布は理論上も実際上も重要な分布である.正規分布 $N(\mu, \sigma^2)$ の確率密度関数のグラフは直線 $x = \mu$ に関して対称な釣鐘形である.$\int_{-\infty}^{\infty} f(x)\,dx = 1$ であることは変数変換 $t = \dfrac{x-\mu}{\sqrt{2}\,\sigma}$ を施し,公式 $\int_{-\infty}^{\infty} \exp(-t^2)\,dt = \sqrt{\pi}$ を用いて確かめることができる.さらに正規分布の期待値と分散について次が成り立つ.

> **3.11 正規分布の平均と分散**
>
> 確率変数 X が正規分布 $N(\mu, \sigma^2)$ にしたがうとき,次が成り立つ.
>
> (1) $E[X] = \mu$　　(2) $V[X] = \sigma^2$

特に $\mu = 0$, $\sigma = 1$ の正規分布 $N(0,1)$ を**標準正規分布**という.標準正規分布にしたがう確率変数 Z と 0 以上の実数 z に対し,確率

$$P(0 \leqq Z \leqq z) = \frac{1}{\sqrt{2\pi}} \int_0^z \exp\left(-\frac{x^2}{2}\right) dx$$

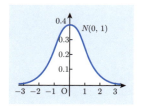

を計算し表にしたものを**正規分布表**(巻末の付表 1)という.逆に標準正規分布において $0 \leqq \alpha \leqq 0.5$ を満たす α に対して

3.2 連続型確率分布と正規分布・一様分布

$$P(0 \leqq Z \leqq z) = \alpha$$

となる z を表にしたものを標準正規分布の**逆分布表**（巻末の付表 2）という．

― Let's TRY ―

問 **3.11** の (1), (2) を証明せよ．
ただし，定積分の公式 $\displaystyle\int_{-\infty}^{\infty} \exp(-t^2)\,dt = \sqrt{\pi}$ を用いてよい．

例 3.5 確率変数 Z は標準正規分布 $N(0,1)$ にしたがうとする．巻末の付表 1 を用いると，

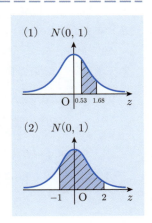

(1) $P(0.53 \leqq Z \leqq 1.68)$ の値は

$P(0.53 \leqq Z \leqq 1.68)$
$= P(0 \leqq Z \leqq 1.68) - P(0 \leqq Z \leqq 0.53)$
$= 0.4535 - 0.2019 = 0.2516$

(2) $P(-1 \leqq Z \leqq 2)$ の値は，正規分布の確率密度関数の左右の対称性を用いて

$$P(-1 \leqq Z \leqq 2)$$
$$= P(-1 \leqq Z \leqq 0) + P(0 \leqq Z \leqq 2)$$
$$= P(0 \leqq Z \leqq 1) + P(0 \leqq Z \leqq 2)$$
$$= 0.3413 + 0.4772 = 0.8185$$ ■

― Let's TRY ―

問 **3.12** 確率変数 Z が標準正規分布 $N(0,1)$ にしたがうとする．次の確率を求めよ．
(1) $P(-0.75 \leqq Z \leqq 0.82)$ (2) $P(-2 \leqq Z \leqq -0.5)$

確率変数 Z が標準正規分布 $N(0,1)$ にしたがうとする．このとき $0 < \alpha < 1$ を満たす実数 α に対して

$$P(Z \geqq z(\alpha)) = \alpha$$

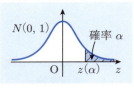

を満たす $z(\alpha)$ を **上側 α 点**，または，**上側 100α % 点** という．この $z(\alpha)$ の値は巻末の逆分布表（付表2）を見ればわかる．

例 3.6 以下 Z は標準正規分布 $N(0,1)$ にしたがうとする．

(1) 上側 5% 点 $z(0.05)$ は $P(0 \leqq Z \leqq z(0.05)) = 0.45$ を満たすので逆分布表より $z(0.05) = 1.645$

(2) $P(-z \leqq Z \leqq z) = 0.95$ を満たす z の値を求める．正規分布の対称性より

$$2P(0 \leqq Z \leqq z) = 0.95$$
$$\therefore \quad P(0 \leqq Z \leqq z) = 0.475$$

よって，逆分布表より $z = 1.960$

$P(Z \geqq z) = 0.025$ を満たすので，この z は上側 2.5% 点 $z(0.025)$ に等しい．■

正規分布の標準化 確率変数 X が正規分布 $N(\mu, \sigma^2)$ にしたがうとき，X の標準化 $Z = \frac{X-\mu}{\sigma}$ も確率変数であり，平均が 0，分散が 1 の確率分布にしたがう．実際，$z = \frac{x-\mu}{\sigma}$ とおき，$x_1 < x_2$ となる x_1, x_2 に対して $z_1 = \frac{x_1 - \mu}{\sigma}$，$z_2 = \frac{x_2 - \mu}{\sigma}$ とおくと $z_1 < z_2$ が成り立ち

$$P(x_1 \leqq X \leqq x_2) = \frac{1}{\sqrt{2\pi}\,\sigma} \int_{x_1}^{x_2} \exp\left(-\frac{(x-\mu)^2}{2\sigma^2}\right) dx$$
$$= \frac{1}{\sqrt{2\pi}} \int_{z_1}^{z_2} \exp\left(-\frac{z^2}{2}\right) dz \quad \leftarrow \text{置換積分 } z = \frac{x-\mu}{\sigma}$$

よって，$P(x_1 \leqq X \leqq x_2) = (z_1 \leqq Z \leqq z_2)$ となり，Z は標準正規分布 $N(0,1)$ にしたがうことがわかる．つまり，正規分布の計算はすべて標準正規分布の計算に帰着できる．

3.2 連続型確率分布と正規分布・一様分布 **51**

3.12 正規分布の標準化

確率変数 X が正規分布 $N(\mu, \sigma^2)$ にしたがうとき，$Z = \dfrac{X - \mu}{\sigma}$ は標準正規分布 $N(0,1)$ にしたがう．

例題 3.5 確率変数 X が正規分布 $N(3, 4^2)$ にしたがうとき，次のものを求めよ．

(1) 確率 $P(0 \leqq X \leqq 5)$　　(2) $P(1 \leqq X \leqq x) = 0.6$ となる x の値

解 $Z = \dfrac{X-3}{4}$ とおくと，確率変数 Z は標準正規分布 $N(0,1)$ にしたがう．

(1) 巻末の標準正規分布表（付表 1）を用いると

$$P(0 \leqq X \leqq 5) = P(-0.75 \leqq Z \leqq 0.5)$$

$$= P(0 \leqq Z \leqq 0.75) + P(0 \leqq Z \leqq 0.5)$$

$$= 0.2734 + 0.1915 = 0.4649$$

(2) $$P(1 \leqq X \leqq x) = P\left(-0.5 \leqq Z \leqq \frac{x-3}{4}\right) = 0.6$$

であるが，$P(-0.5 \leqq Z \leqq 0) = P(0 \leqq Z \leqq 0.5) = 0.1915$ であるから

$$P\left(0 \leqq Z \leqq \frac{x-3}{4}\right) = 0.6 - 0.1915 = 0.4085$$

となればよい．巻末の逆分布表（付表 2）より

$$\frac{x-3}{4} = 1.332 \qquad \text{よって } x = 8.328$$

■

Let's TRY

問 3.13 確率変数 X が正規分布 $N(3, 2^2)$ にしたがうとき，次の値を求めよ．巻末の付表を用いてよい．

(1) 確率 $P(1.4 \leqq X \leqq 4.8)$

(2) $P(0.4 \leqq X \leqq x) = 0.2$ となる x の値

(3) $P(3 - k \leqq X \leqq 3 + k) = 0.74$ となる k の値

二項分布の正規分布による近似　さいころを n 回振って 1 の目が出る回数を X とするとき，変数 X は二項分布 $B\left(n, \frac{1}{6}\right)$ にしたがう．$n = 10, 30, 50$ の場合に X の確率分布を折れ線グラフにすると右のようになる．この図から，これらの折れ線グラフは n が大きくなると正規分布のグラフに近づいていくことがわかる．

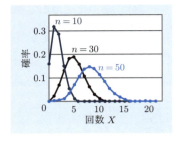

　一般に二項分布 $B(n, p)$ は平均が np，分散が npq（ただし $q = 1 - p$）をもつが，n が大きくなるとき，正規分布 $N(np, npq)$ に近づいていくことが知られている．したがって X が二項分布 $B(n, p)$ にしたがうとするとき，n が十分大きければ，X は正規分布 $N(np, npq)$ にしたがうと考えられ，

$$Z = \frac{X - np}{\sqrt{npq}}$$

は標準正規分布 $N(0, 1)$ にしたがうとしてよい．このことを用いて，整数 a, b について二項分布 $B(n, p)$ にしたがう確率変数 X が a 以上，b 以下である確率 $P(a \leqq X \leqq b)$ を求めよう．離散型確率分布を連続型確率分布で近似するので次が成り立つ．

$$P(a \leqq X \leqq b) \fallingdotseq P(a - 0.5 \leqq X \leqq b + 0.5)$$

← 左辺の X は離散型確率分布，右辺の X は連続型確率分布 $N(np, npq)$ にしたがっていると考える．

$$= P\left(\frac{a - 0.5 - np}{\sqrt{npq}} \leqq Z \leqq \frac{b + 0.5 - np}{\sqrt{npq}}\right)$$

3.13　二項分布の正規分布による近似

X は二項分布 $B(n, p)$ にしたがうとき，n が十分に大きいならば，$Z = \dfrac{X - np}{\sqrt{npq}}$ は標準正規分布 $N(0, 1)$ にしたがうとしてよい．ただし $q = 1 - p$ とする．次が成り立つ．

$$P(a \leqq X \leqq b) \fallingdotseq P\left(\frac{a - 0.5 - np}{\sqrt{npq}} \leqq Z \leqq \frac{b + 0.5 - np}{\sqrt{npq}}\right)$$

3.2 連続型確率分布と正規分布・一様分布

下の図は二項分布 $B(n,p)$ を正規分布 $N(np, npq)$ で近似する図で，a,b を負でない整数として

$P(a \leqq X \leqq b)$　←X は二項分布にしたがうと考えている．

$=$（色付きの棒グラフの面積）

$\fallingdotseq P(a - 0.5 \leqq X \leqq b + 0.5)$　←X は正規分布にしたがうと考えている．

■**注意** $a \leqq b$ を満たす整数 a, b について離散型確率変数 X の確率 $P(a \leqq X \leqq b)$ を X を連続型確率変数とみなして確率

$$P(a - 0.5 \leqq X \leqq b + 0.5)$$

で近似することを**半整数補正**という．

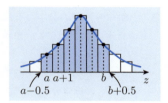

例題 3.6 1枚の硬貨を100回投げるとき，表の出る回数が40回以上60回以下となる確率を求めよ．

解 表の出る回数を X とおくと X は二項分布 $B(100, 0.5)$ にしたがう．$n = 100$, $p = 0.5$ とおくと $np = 50$, $np(1-p) = 25$．よって $Z = \frac{X - 50}{5}$ とおくと，Z は $N(0, 1)$ にしたがうから，求める確率は

$$P(40 \leqq X \leqq 60) \fallingdotseq P\left(\frac{40 - 0.5 - 50}{5} \leqq Z \leqq \frac{60 + 0.5 - 50}{5}\right)$$
$$= P(-2.1 \leqq Z \leqq 2.1) = 2P(0 \leqq Z \leqq 2.1)$$
$$= 2 \times 0.4821 = 0.9642 \qquad \blacksquare$$

■**注意** 例題 3.6 の確率を二項分布から直接計算すると 0.9648 になる．一方，この確率を正規分布で近似し，半整数補正をしないで計算すると 0.9544 になる．二項分布で直接計算した値との誤差は半整数補正なしで 0.0104 であるが，半整数補正を施すと 0.0006 となり，近似の精度がかなり良くなる．

―――― *Let's TRY* ――――

問 3.14 1つのさいころを450回振ったとき，3の倍数の目が出る回数が141回以上159回以下になる確率を求めよ．

問 3.15 1枚の硬貨を400回投げたとき，表が211回以上出る確率を求めよ．

第3章　確率分布

第3章　演習問題 A

1 袋の中に 1 の数字がかかれた玉が 1 個, 2 の数字がかかれた玉が 2 個, 3 の数字がかかれた玉が 3 個, 計 6 個の玉が入っている. この中から同時に 2 個の玉を取り出すとき, 取り出した玉の数字の和を X とする. どの玉も同じような玉とする. 次のものを求めよ.

(1) X の確率分布　　(2) X の期待値 $E[X]$ と分散 $V[X]$

2 1 から 9 までの数字がそれぞれかいてあるカードが 9 枚ある. この中から 3 枚のカードを取り出して, かかれた数字の小さい方から順に X, Y, Z とする. 次のものを求めよ.

(1) X, Y, Z がすべて奇数である確率

(2) X の確率分布　　(3) X の期待値 $E[X]$ と分散 $V[X]$

3 ある地域では晴れた日の夜に流れ星は平均すると 1 時間に 2 個見えるという. この地域の晴れた日の夜に 1 時間で見える流れ星の個数はポアソン分布にしたがうと仮定して, 次の確率を求めよ.

(1) 1 時間に 4 個見える確率　　(2) 1 時間に 2 個以下しか見えない確率

4 a は正の定数とする. X の確率密度関数が

$$f(x) = \begin{cases} ke^{-ax} & (x \geq 0) \\ 0 & (x < 0) \end{cases}$$

で与えられるとき, 次の値を求めよ.

(1) 定数 k　　(2) X の期待値 (平均) $E[X]$ と分散 $V[X]$

5 a を正の定数, b を定数とする. 連続型確率変数 X の確率密度関数が $f(x)$ のとき, $Y = aX + b$ の確率密度関数 $g(y)$ を求めよ.

6 2 枚の硬貨を同時に投げることを 1200 回繰り返すとき, 2 枚とも表になる回数を X とする. $290 \leq X \leq 310$ となる確率を求めよ.

7 $1, 2, 3, 4, 5$ の 5 個の目が等しい確率で出る電子さいころがある. この電子さいころを 150 回作動させるとき, 1 または 2 の目が出る回数を X とする. 次の値を求めよ.

(1) X の期待値 $E[X]$ と分散 $V[X]$　　(2) 確率 $P(X \geq 68)$

第3章　演習問題B　　　　　**55**

第3章　演習問題 B

8 数直線上の点 P は 1 枚の硬貨を投げて，表が出れば正の方向に 1 だけ動き，裏が出れば負の方向に 1 だけ動く．最初，点 P は原点にあるとする．

(1) 硬貨を 3 回投げたとき，この操作で動いた点 P の座標を X とする．X の確率分布を求めよ．

(2) 硬貨を 400 回投げたとき，点 P の座標 X が不等式 $|X| \geqq 40$ を満たす確率を求めよ．

9 確率変数 X はポアソン分布 $Po(\lambda)$ にしたがうとする．X の期待値 $E[X]$ と分散 $V[X]$ を求めよ．

10 X を任意の確率変数とし，X の平均を μ，X の標準偏差を σ とする．正の実数 k について，次の不等式 $P(|X - \mu| \geqq k\sigma) \leqq \dfrac{1}{k^2}$ が成り立つ．この不等式を**チェビシェフの不等式**という．これを連続型確率変数の場合に証明せよ．

11 X の確率密度関数が

$$f(x) = \begin{cases} \dfrac{k}{x^2 + 3} & (0 \leq x \leq 3) \\ 0 & (x < 0,\ 3 < x) \end{cases}$$

で与えられるとき，次のものを求めよ．

(1) 定数 k の値　　(2) 確率 $P(0 \leqq X \leqq 1)$

(3) X の期待値（平均）$E[X]$ と分散 $V[X]$

(4) X の（累積）分布関数 $F(x)$

12 a は正の定数とする．X の確率密度関数が

$$f(x) = \frac{k}{x^2 + a^2}$$

で与えられるとき，次のものを求めよ．

(1) 定数 k　　(2) X の期待値 $E[X]$ が存在しないことを示せ．

13 X が標準正規分布 $N(0,1)$ にしたがうとき，次の確率変数の確率密度関数を求めよ．

(1) $Y = 3X + 4$ とするとき，Y の確率密度関数 $g(y)$

(2) $Z = X^2$ とするとき，Z の確率密度関数 $h(z)$

4 2次元確率分布と標本分布

この章では,最初に 2 次元確率分布を学び,それを基礎として標本平均や標本分散の性質,およびある条件のもとでそれらがしたがう標本分布を学ぶ.

4.1 2次元確率分布

これまでは 1 つの確率変数についてその確率分布や期待値を考えてきた. この節では 2 つの確率変数が同時にしたがう確率分布について考える.

離散型 2 次元確率分布 離散型 **2 次元確率分布** の例をあげる.

袋の中に,1, 2, 3 の数字がかかれた玉がそれぞれ 4 個,2 個,3 個入っている. この中から 1 個ずつ玉を取り出す. 1 度取り出した玉は戻さないとする (**非復元抽出**). 最初に取り出した玉にかいてある数字を X,2 回目に取り出した玉にかいてある数字を Y とすると,X, Y は離散型確率変数である. 事象 $X = x$ と事象 $Y = y$ がともに起こる確率を $P(X = x, Y = y)$ と表す. この例では
$$P(X=1, Y=3) = \frac{4}{9} \times \frac{3}{8} = \frac{12}{72} = \frac{1}{6}$$
となる. (X, Y) のすべてのとり得る値の組 (x, y) について $P(X = x, Y = y)$ を計算したものが右の表である.

X \ Y	1	2	3	計
1	$\frac{1}{6}$	$\frac{1}{9}$	$\frac{1}{6}$	$\frac{4}{9}$
2	$\frac{1}{9}$	$\frac{1}{36}$	$\frac{1}{12}$	$\frac{2}{9}$
3	$\frac{1}{6}$	$\frac{1}{12}$	$\frac{1}{12}$	$\frac{1}{3}$
計	$\frac{4}{9}$	$\frac{2}{9}$	$\frac{1}{3}$	1

この例のような 2 つの確率変数の組 (X, Y) のことを **2次元確率変数** という. 離散型 2 次元確率変数 (X, Y) について,X のとり得る値が $x_1, x_2, \ldots, x_m$ であり,Y のとり得る値が $y_1, y_2, \ldots, y_n$ であるときに,事象 $(X, Y) = (x_i, y_j)$ の起こる確率が

$$P(X = x_i, Y = y_j) = p_{ij} \quad (1 \leqq i \leqq m, 1 \leqq j \leqq n)$$

で与えられているとする．このような (X, Y) の確率分布を**同時確率分布**または**2次元確率分布**という．各確率が 0 以上で全確率が 1 であることから

$$p_{ij} \geqq 0 \quad (1 \leqq i \leqq m, 1 \leqq j \leqq n) \quad \text{かつ} \quad \sum_{i=1}^{m} \sum_{j=1}^{n} p_{ij} = 1$$

が成り立つ．同時確率分布が与えられると $X = x_i$ となる確率，および，$Y = y_j$ となる確率がそれぞれ

$$P(X = x_i) = \sum_{j=1}^{n} p_{ij}, \quad P(Y = y_j) = \sum_{i=1}^{m} p_{ij}$$

で求められる．これをそれぞれ X の**周辺分布**，Y の**周辺分布**という．

離散型 2 次元確率変数 (X, Y) が，すべての i, j について

$$P(X = x_i, Y = y_j) = P(X = x_i)P(Y = y_j) \quad (1 \leqq i \leqq m, 1 \leqq j \leqq n)$$

を満たすとき，確率変数 X と Y は**互いに独立である**という．例 4.1（非復元抽出）については

$$P(X = 1)P(Y = 1) = \frac{4}{9} \times \frac{4}{9} \neq \frac{1}{6} = P(X = 1, Y = 1)$$

であるから，X と Y は**互いに独立でない**．例 4.1 において玉を取り出した後，必ず袋に戻す場合（**復元抽出**），X, Y の同時確率分布と周辺分布は下のようになる．この場合

$$P(X = 1)P(Y = 1) = \frac{4}{9} \times \frac{4}{9}$$
$$= \frac{16}{81} = P(X = 1, Y = 1)$$

など，同時確率分布が周辺分布の積に等しくなるので X と Y は互いに独立である．

X ＼ Y	1	2	3	計
1	$\frac{16}{81}$	$\frac{8}{81}$	$\frac{4}{27}$	$\frac{4}{9}$
2	$\frac{8}{81}$	$\frac{4}{81}$	$\frac{2}{27}$	$\frac{2}{9}$
3	$\frac{4}{27}$	$\frac{2}{27}$	$\frac{1}{9}$	$\frac{1}{3}$
計	$\frac{4}{9}$	$\frac{2}{9}$	$\frac{1}{3}$	1

58　　　　　　第 4 章　2 次元確率分布と標本分布

連続型 2 次元確率分布　連続型確率変数についても離散型確率変数のときと同様にして **2 次元確率分布**を考えることができる.

連続型確率変数 X, Y について

> (1)　$f(x, y) \geqq 0$　かつ　$\displaystyle\int_{-\infty}^{\infty} \int_{-\infty}^{\infty} f(x, y)\, dx dy = 1$
>
> (2)　(X, Y) 平面の任意の領域 D について (X, Y) が領域 D にある確率が
> $$P((X, Y) \in D) = \iint_D f(x, y)\, dx dy$$

と表されるような平面全体で定義された 2 変数関数 $f(x, y)$ が存在するとき, (X, Y) を**連続型 2 次元確率変数**といい, 関数 $f(x, y)$ を X と Y の**同時確率密度関数**という. このとき事象 $a \leqq X \leqq b$ の起こる確率は

$$P(a \leqq X \leqq b) = P(a \leqq X \leqq b,\ -\infty < Y < \infty)$$

$$= \int_a^b \left\{ \int_{-\infty}^{\infty} f(x, y)\, dy \right\} dx$$

そこで $f_1(x) = \displaystyle\int_{-\infty}^{\infty} f(x, y)\, dy$ とおくと $P(a \leqq X \leqq b) = \displaystyle\int_a^b f_1(x)\, dx$ となり, $f_1(x)$ は X の確率密度関数になる. この $f_1(x)$ を X の**周辺確率密度関数**という. 同様にして $f_2(y) = \displaystyle\int_{-\infty}^{\infty} f(x, y)\, dx$ を Y の**周辺確率密度関数**という.

(X, Y) の確率密度関数 $f(x, y)$ がその周辺確率密度関数 $f_1(x)$ と $f_2(y)$ の積, すなわち $f(x, y) = f_1(x) f_2(y)$ となるとき, X と Y は**互いに独立である**という.

このとき, $a < b,\ c < d$ を満たす任意の実数 a, b, c, d に対して

$$P(a \leqq X \leqq b,\ c \leqq Y \leqq d)$$

$$= \int_a^b \left\{ \int_c^d f_1(x) f_2(y)\, dy \right\} dx = \left(\int_a^b f_1(x)\, dx \right) \left(\int_c^d f_2(y)\, dy \right)$$

$$= P(a \leqq X \leqq b)\, P(c \leqq Y \leqq d)$$

となることから, 事象 $a \leqq X \leqq b$ と事象 $c \leqq Y \leqq d$ は互いに独立である.

4.1　2次元確率分布

例題 4.1

X, Y の同時確率密度関数が

$$f(x, y) = k \exp\left(-\frac{x^2 + y^2}{2}\right)$$

で与えられるとき，定数 k の値を求め，X と Y の周辺確率密度関数を求めよ．また X と Y は互いに独立かどうか調べよ．

解

$$\int_{-\infty}^{\infty} \int_{-\infty}^{\infty} f(x, y)\, dxdy = k \int_{-\infty}^{\infty} \exp\left(-\frac{x^2}{2}\right) dx \int_{-\infty}^{\infty} \exp\left(-\frac{y^2}{2}\right) dy$$

$$= k(\sqrt{2\pi})^2 = 2\pi k = 1$$

↑ 指数法則 $e^{a+b} = e^a e^b$ を利用．

より

$$k = \frac{1}{2\pi}$$

次に X の周辺確率密度関数を $f_1(x)$ とおくと

$$f_1(x) = \frac{1}{2\pi} \int_{-\infty}^{\infty} \exp\left(-\frac{x^2 + y^2}{2}\right) dy$$

$$= \frac{1}{2\pi} \exp\left(-\frac{x^2}{2}\right) \int_{-\infty}^{\infty} \exp\left(-\frac{y^2}{2}\right) dy$$

↑ $\int_{-\infty}^{\infty} \exp\left(-\frac{y^2}{2}\right) dy = \sqrt{2\pi}$

$$= \frac{1}{2\pi} \sqrt{2\pi} \exp\left(-\frac{x^2}{2}\right)$$

$$= \frac{1}{\sqrt{2\pi}} \exp\left(-\frac{x^2}{2}\right)$$

同様にして Y の周辺確率密度関数を $f_2(y)$ とおくと

$$f_2(y) = \frac{1}{\sqrt{2\pi}} \exp\left(-\frac{y^2}{2}\right)$$

となる．$f(x, y) = f_1(x) f_2(y)$ が成り立つので X と Y は互いに独立である．　■

─────────────────────────────────── Let's TRY ───────────

問 4.1 X, Y の同時確率密度関数が

$$f(x,y) = \begin{cases} k(1-x-y) & (x \geq 0,\, y \geq 0,\, 0 \leq x+y \leq 1) \\ 0 & (\text{上記以外の領域}) \end{cases}$$

で与えられるとき，定数 k の値を求め，X と Y の周辺確率密度関数を求めよ．また X と Y は互いに独立かどうか調べよ．

───

2次元確率変数の関数の期待値　2次元確率変数の関数の期待値（平均）を以下のように定義する．

4.1　［定義］2次元確率変数の関数の期待値（平均）

(X, Y) を 2次元確率変数とし，$\varphi(x, y)$ を x, y の関数とする．確率変数 $\varphi(X, Y)$ の期待値 $E[\varphi(X, Y)]$ を次のように定義する．

(1) 離散型のとき，X, Y の同時確率分布を $P(X = x_i, Y = y_j) = p_{ij}$ $(1 \leq i \leq m,\, 1 \leq j \leq n)$ とすると

$$E[\varphi(X,Y)] = \sum_{i=1}^{m} \sum_{j=1}^{n} \varphi(x_i, y_j) p_{ij}$$

(2) 連続型のとき，X, Y の同時確率密度関数を $f(x, y)$ とすると

$$E[\varphi(X,Y)] = \int_{-\infty}^{\infty} \int_{-\infty}^{\infty} \varphi(x,y) f(x,y)\, dxdy$$

例 4.2　(X, Y) の同時確率分布が右の表で与えられるとき，X の期待値 $E[X]$ は

$$E[X] = 1 \times \frac{2}{12} + 1 \times \frac{1}{12} + 2 \times \frac{4}{12} + 2 \times \frac{5}{12}$$
$$= \frac{21}{12} = \frac{7}{4}$$

X＼Y	3	5	計
1	$\frac{2}{12}$	$\frac{1}{12}$	$\frac{3}{12}$
2	$\frac{4}{12}$	$\frac{5}{12}$	$\frac{9}{12}$
計	$\frac{6}{12}$	$\frac{6}{12}$	1

である．また，XY の期待値 $E[XY]$ は

$$E[XY] = 1 \times 3 \times \frac{2}{12} + 1 \times 5 \times \frac{1}{12} + 2 \times 3 \times \frac{4}{12} + 2 \times 5 \times \frac{5}{12} = \frac{85}{12} \quad \blacksquare$$

例 4.3 X, Y の同時確率密度関数が

$$f(x,y) = \begin{cases} e^{-x-y} & (x \geqq 0, y \geqq 0) \\ 0 & (上記以外の領域) \end{cases}$$

で与えられるとき $\varphi(X,Y) = 3X + Y$ の期待値は

$$\begin{aligned}
E[3X+Y] &= \int_{-\infty}^{\infty}\int_{-\infty}^{\infty}(3x+y)f(x,y)\,dxdy \\
&= \int_{0}^{\infty}\int_{0}^{\infty}3xe^{-x-y}\,dxdy + \int_{0}^{\infty}\int_{0}^{\infty}ye^{-x-y}\,dxdy \\
&= \left(\int_{0}^{\infty}3xe^{-x}\,dx\right)\left(\int_{0}^{\infty}e^{-y}\,dy\right) + \left(\int_{0}^{\infty}e^{-x}\,dx\right)\left(\int_{0}^{\infty}ye^{-y}\,dy\right) \\
&= 3\left\{\left[x(-e^{-x})\right]_{0}^{\infty} - \int_{0}^{\infty}(-e^{-x})\,dx\right\}\left[-e^{-y}\right]_{0}^{\infty} \\
&\qquad + \left[-e^{-x}\right]_{0}^{\infty}\left\{\left[y(-e^{-y})\right]_{0}^{\infty} - \int_{0}^{\infty}(-e^{-y})\,dx\right\} \\
&= 3 \times 1 \times 1 + 1 \times 1 = 4
\end{aligned}$$

∎

X, Y の同時確率密度関数を $f(x,y)$ とし,その周辺確率密度関数をそれぞれ $f_1(x), f_2(y)$ とすると

$$\begin{aligned}
E[X] &= \int_{-\infty}^{\infty}\int_{-\infty}^{\infty}xf(x,y)\,dxdy \\
&= \int_{-\infty}^{\infty}x\left\{\int_{-\infty}^{\infty}f(x,y)\,dy\right\}dx = \int_{-\infty}^{\infty}xf_1(x)\,dx
\end{aligned}$$

が成り立つ.同様に $E[Y]$ についても

$$E[Y] = \int_{-\infty}^{\infty}yf_2(y)\,dy$$

が成り立つ.

離散型・連続型にかかわらず,確率変数 X, Y の 1 次式や積の平均について次が成り立つ.

62 第 4 章 2 次元確率分布と標本分布

4.2 [定理] 1 次式と積の平均

(X, Y) を 2 次元確率変数とし，a, b, c を定数とする．

(1) $E[aX + bY + c] = aE[X] + bE[Y] + c$ が成り立つ．

(2) X と Y が互いに独立ならば，$E[XY] = E[X]\,E[Y]$ が成り立つ．

証明 連続型の場合のみ示す．離散型も同様に証明できる．X, Y の同時確率密度関数を $f(x, y)$ とする．

(1) $E[aX + bY + c] = \displaystyle\int_{-\infty}^{\infty} \int_{-\infty}^{\infty} (ax + by + c) f(x, y)\, dxdy$

$= a \displaystyle\int_{-\infty}^{\infty} \int_{-\infty}^{\infty} x f(x, y)\, dxdy$

$\qquad + b \displaystyle\int_{-\infty}^{\infty} \int_{-\infty}^{\infty} y f(x, y)\, dxdy + c \int_{-\infty}^{\infty} \int_{-\infty}^{\infty} f(x, y)\, dxdy$

$= aE[X] + bE[Y] + c$

(2) X と Y が互いに独立なので $f(x, y)$ は X, Y の周辺確率密度関数 $f_1(x)$, $f_2(y)$ を用いて $f(x, y) = f_1(x)f_2(y)$ とかける．よって

$$E[XY] = \int_{-\infty}^{\infty} \int_{-\infty}^{\infty} xy f_1(x) f_2(y)\, dxdy$$

$$= \left\{ \int_{-\infty}^{\infty} x f_1(x)\, dx \right\} \left\{ \int_{-\infty}^{\infty} y f_2(y)\, dy \right\}$$

$$= E[X]\,E[Y] \qquad \blacksquare$$

■**注意** $\varphi(X)$ を X の関数，$\psi(Y)$ を Y の関数とすると上記の証明をみれば，X と Y が互いに独立ならば

$$E[\varphi(X)\psi(Y)] = E[\varphi(X)]\,E[\psi(Y)]$$

が成り立つことがわかる．

2 次元確率変数の関数の分散

1 次元確率変数 X の分散 $V[X]$ は

$$V[X] = E[(X - E[X])^2] = E[X^2] - (E[X])^2$$

で定義された（ 3.3 ， 3.9 参照）．2 次元確率変数 X, Y についても X の分散は同様に定義される．

4.1 2次元確率分布 **63**

また X, Y の関数 $\varphi(X, Y)$ も確率変数であり，その分散も

$$V[\varphi(X,Y)] = E[(\varphi(X,Y) - E[\varphi(X,Y)])^2]$$

で定義され

$$V[\varphi(X,Y)] = E[(\varphi(X,Y))^2] - \{E[\varphi(X,Y)]\}^2$$

が成立する．特に $\varphi(X, Y)$ が X, Y の 1 次式のとき，次が成り立つ（ **3.5** 参照）．

4.3 [定理] 1 次式の分散

(X, Y) を 2 次元確率変数とし，a, b, c を定数とする．X と Y が互いに独立ならば

$$V[aX + bY + c] = a^2 V[X] + b^2 V[Y]$$

が成り立つ．特に，$V[X + Y] = V[X] + V[Y]$

証明 計算を簡単にするため，$E[X] = \mu_X$, $E[Y] = \mu_Y$ とおく．X と Y が互いに独立であるから，前ページの注意により

$$E[(X - \mu_X)(Y - \mu_Y)] = E[(X - \mu_X)] \, E[(Y - \mu_Y)]$$
$$= (\mu_X - \mu_X)(\mu_Y - \mu_Y) = 0$$

となる．よって

$$V[aX + bY + c]$$
$$= E[\{(aX + bY + c) - E[aX + bY + c]\}^2]$$
$$= E[\{(aX + bY + c) - (a\mu_X + b\mu_Y + c)\}^2]$$
$$= E[\{a(X - \mu_X) + b(Y - \mu_Y)\}^2]$$
$$= E[a^2(X - \mu_X)^2 + 2ab(X - \mu_X)(Y - \mu_Y) + b^2(Y - \mu_Y)^2]$$
$$= a^2 E[(X - \mu_X)^2] + 2ab E[(X - \mu_X)(Y - \mu_Y)] + b^2 E[(Y - \mu_Y)^2]$$
$$= a^2 V[X] + 0 + b^2 V[Y] \qquad\blacksquare$$

■ **注意** 2次元データのところで共分散や相関係数を定義したが（ 1.5 , 1.6 参照），2次元確率変数 (X,Y) についてもその**共分散**と**相関係数**が次のように定義される．

共分散： $\mathrm{Cov}[X,Y] = E[(X-\mu_X)(Y-\mu_Y)] = E[XY] - \mu_X\mu_Y$

相関係数： $\rho[X,Y] = \dfrac{\mathrm{Cov}[X,Y]}{S[X]S[Y]}$

ここで $S[X] = \sqrt{V[X]}$, $S[Y] = \sqrt{V[Y]}$ はそれぞれ X, Y の標準偏差である．上の証明から，次式が成立する．

$$V[X+Y] = V[X] + 2\mathrm{Cov}[X,Y] + V[Y]$$

■ **注意** 4.3 は X と Y が互いに独立でなくても

$$E[XY] = E[X]\,E[Y]$$

であれば成り立つ．

4.4

(X,Y) の同時確率分布が右の表で与えられるとする．表より X と Y は互いに独立である．

$E[X] = \dfrac{3}{4}, \quad E[Y] = \dfrac{5}{3}, \quad E[XY] = \dfrac{5}{4}$

Y \ X	1	2	計
0	$\frac{1}{12}$	$\frac{1}{6}$	$\frac{1}{4}$
1	$\frac{1}{4}$	$\frac{1}{2}$	$\frac{3}{4}$
計	$\frac{1}{3}$	$\frac{2}{3}$	1

となり，確かに

$$E[XY] = E[X]\,E[Y]$$

が成り立っている．

$$V[X] = E[X^2] - (E[X])^2 = \frac{3}{4} - \left(\frac{3}{4}\right)^2 = \frac{3}{16} = \frac{27}{144}$$

$$V[Y] = E[Y^2] - \{E[Y]\}^2 = 3 - \left(\frac{5}{3}\right)^2 = \frac{2}{9} = \frac{32}{144}$$

$$V[X+Y] = E[(X+Y)^2] - \{E[X+Y]\}^2 = \frac{25}{4} - \left(\frac{29}{12}\right)^2 = \frac{59}{144}$$

となり，$V[X+Y] = V[X] + V[Y]$ が成り立つことが確認される． ■

4.1 2次元確率分布 **65**

n 個の確率変数の 1 次結合の期待値と分散　一般に 3 個以上の確率変数につ
いても 2 変数の場合と同様に同時確率分布，独立性，期待値，分散が定義される.

4.4　**[定理] n 個の確率変数の 1 次結合の期待値と分散**

　$X_1, X_2, \ldots, X_n$ を n 個の確率変数とし，$a_1, a_2, \ldots, a_n$ を定数とする.
次が成り立つ.

(1)　$E[a_1X_1+a_2X_2+\cdots+a_nX_n] = a_1E[X_1]+a_2E[X_2]+\cdots+a_nE[X_n]$

(2)　$X_1, X_2, \ldots, X_n$ が互いに独立ならば

$V[a_1X_1 + a_2X_2 + \cdots + a_nX_n] = a_1^2V[X_1] + a_2^2V[X_2] + \cdots + a_n^2V[X_n]$

例 4.5　上記の定理の応用として二項分布の平均と分散に関する定理 **3.6** の
別証明を行う. $X_1, X_2, \ldots, X_n$ を互いに独立で同じ二項分布 $B(1, p)$
にしたがう n 個の確率変数とする. $1 - p = q$ とおく. X_1 の平均と分散は下
の表から

$$E[X_1] = 0 \times q + 1 \times p = p$$
$$V[X_1] = (0 - p)^2 \times q + (1 - p)^2 \times p$$
$$= pq(p + q) = pq$$

X_1	0	1	計
確率	q	p	1

ここで $Y = X_1 + X_2 + \cdots + X_n$ とおくと，Y は二項分布 $B(n, p)$ にしたが
う確率変数と考えることができる. $X_1, X_2, \ldots, X_n$ は互いに独立で同じ二項
分布 $B(1, p)$ にしたがうから定理 **4.4** より

$$E[Y] = E[X_1] + E[X_2] + \cdots + E[X_n] = p + p + \cdots + p = np$$
$$V[Y] = V[X_1] + V[X_2] + \cdots + V[X_n] = pq + pq + \cdots + pq = npq ■$$

Let's TRY

問 4.2　X_1, X_2, X_3 は平均が μ，分散が σ^2 である同じ確率分布にしたがう互いに独
立な確率変数とする. 次の式で表される確率変数の平均と分散を求めよ.

(1)　$T = \dfrac{X_1 + X_2}{2}$　　(2)　$W = \dfrac{X_1 + 3X_2}{4}$　　(3)　$Z = \dfrac{X_1 + X_2 + X_3}{3}$

問 4.3　3 個のさいころを振り，その目の和を X とする. 確率変数 X の平均と分散
を求めよ.

66　第4章　2次元確率分布と標本分布

4.2 標本調査

　この節では母集団からランダムにとり出された一部のデータ（標本）から定まる標本平均や標本分散について学ぶ.

母集団と標本　あるクラスの40人の学生の身長を調べるとき，40人全員の身長を測ることは可能である. このように統計上の調査対象のすべてのデータを集めることを**全数調査**という. 一方，これに対して工場で生産されるすべての製品の品質検査をすることは検査によって製品を消耗してしまうことなどから，実施することが難しい. このようなときは一部の製品を抜き出して検査・調査し，全体の様子を推し量る. このような調査を**標本調査**という. このような統計上の検査や調査の対象となるもの全体を**母集団**といい，母集団に属する個々の対象を母集団の**要素**という. 母集団に属する要素の個数を**母集団の大きさ**という.

　母集団から一部の要素を取り出すとき，取り出された要素の集合を**標本**という. 標本に属する要素の個数を**標本の大きさ**といい，標本を取り出すことを**抽出**するという. 標本は母集団の状況ができるだけ反映されるように偏りなく抽出する必要がある. 母集団のどの要素も抽出される確率が等しいとき，このような抽出方法を**無作為抽出**といい，無作為抽出によって得られた標本を**無作為標本**という.

　母集団から標本を抽出するのに，毎回もとに戻しながら次のものを1個ずつ取り出すことを**復元抽出**という. これに対して，取り出したものをもとに戻さずに続けて抽出することを**非復元抽出**という. 標本調査をするとき，非復元抽出の場合には標本の性質に母集団の大きさが影響を与えることがある. 以下では，非復元抽出の場合には母集団の大きさは極めて大きいとする.

統計量　学生の身長や製品の寿命など実際に扱う特性を表す数値を**変量**といい，母集団から無作為に1つ取り出して測定した変量の値を X とおくと，X は確率変数と考えられる. 母集団における変量 X の確率分布を**母集団分布**といい，母集団全体における X の平均，分散，標準偏差をそれぞれ**母平均**, **母分散**,

4.2 標本調査

母標準偏差という．このように母集団全体から定まる母集団分布の特徴を表す量を**母数**（パラメータ）という．

いま，母集団から大きさ n の標本を無作為抽出することを考える．標本の各要素は母集団分布にしたがう確率変数と考えられるので，これを $X_1, X_2, \ldots, X_n$ とかく．母集団の大きさが極めて大きいので各 X_i は互いに独立と考えてよい．

標本 $X_1, X_2, \ldots, X_n$ から計算して得られる平均や分散などを**統計量**という．統計量は標本 $X_1, X_2, \ldots, X_n$ の関数であり，確率変数である．この統計量がしたがう確率分布を**標本分布**という．代表的な統計量として次のものがある．

(1) **標本平均**：$\displaystyle \overline{X} = \frac{1}{n}\sum_{i=1}^{n} X_i = \frac{X_1 + X_2 + \cdots + X_n}{n}$

(2) **標本分散**：$\displaystyle S^2 = \frac{1}{n}\sum_{i=1}^{n}(X_i - \overline{X})^2$

(3) **標本標準偏差**：$\displaystyle S = \sqrt{\frac{1}{n}\sum_{i=1}^{n}(X_i - \overline{X})^2}$

標本平均の期待値と分散 平均が μ，分散が σ^2 の母集団から無作為抽出された大きさ n の標本 $X_1, X_2, \ldots, X_n$ から計算された標本平均 $\overline{X}$ の期待値と分散は **4.4** から

$$E[\overline{X}] = E\left[\frac{X_1 + X_2 + \cdots + X_n}{n}\right]$$

$$= \frac{1}{n}\left(E[X_1] + E[X_2] + \cdots + E[X_n]\right) = \frac{1}{n}n\mu = \mu$$

$$V[\overline{X}] = V\left[\frac{X_1 + X_2 + \cdots + X_n}{n}\right]$$

$$= \frac{1}{n^2}\left(V[X_1] + V[X_2] + \cdots + V[X_n]\right) = \frac{1}{n^2}n\sigma^2 = \frac{\sigma^2}{n}$$

となる．

4.5 ［定理］標本平均の期待値と分散

母平均が μ，母分散が σ^2 の母集団から抽出された大きさ n の無作為標本について標本平均 $\overline{X}$ の期待値と分散は次のようになる．

$$E[\overline{X}] = \mu, \quad V[\overline{X}] = \frac{\sigma^2}{n}$$

このことから，標本平均 $\overline{X}$ は母平均 μ を中心として分布し，標本の大きさ n が大きくなるほど分布の散らばり具合が小さくなることがわかる．この性質を**大数の法則**という．

母平均が 20，母分散が 12 である母集団から大きさ 4 の標本を抽出するとき，その標本平均 $\overline{X}$ について

$$E[\overline{X}] = 20, \quad V[\overline{X}] = \frac{12}{4} = 3$$

が成り立つ． ∎

1 個のさいころを振り，その目を X とすると

$$E[X] = \frac{7}{2}, \quad V[X] = E[X^2] - (E[X])^2 = \frac{91}{6} - \left(\frac{7}{2}\right)^2 = \frac{35}{12}$$

である．このさいころを 5 回振って得られる標本平均を $\overline{X}$ とすると

$$E[\overline{X}] = \frac{7}{2}, \quad V[\overline{X}] = \frac{35}{12} \div 5 = \frac{7}{12}$$

∎

——————————————————— *Let's TRY* ———

問 4.4 袋の中に 1 の数字をかいた玉が 1 個，2 の数字をかいた玉が 2 個，3 の数字をかいた玉が 3 個，計 6 個入っている．どの玉も等しい確率で取り出すものとする．この袋から玉を 1 個取り出したとき，かいてある数字を X とする．X の確率分布を求め，X の期待値 $E[X]$ と分散 $V[X]$ を求めよ．さらに，この玉を復元抽出で 10 回取り出し，その数字の平均を $\overline{X}$ とする．$\overline{X}$ の期待値 $E[\overline{X}]$ と分散 $V[\overline{X}]$ を求めよ．

4.2 標本調査

69

不偏分散　母平均が μ, 母分散が σ^2 である母集団から大きさ n の標本 $X_1, X_2, \dots, X_n$ を無作為抽出し，その標本平均を $\overline{X}$, 標本分散を S^2 とする．標本分散の期待値を計算する．各 $X_i\,(1 \leqq i \leqq n)$ について $E[X_i] = \mu$, $V[X_i] = \sigma^2$ と $V[X_i] = E[X_i^2] - \{E[X_i]\}^2$ より

$$E[X_i^2] = \sigma^2 + \mu^2$$

が成り立つ．また，$V[\overline{X}] = E[\overline{X}^2] - \{E[\overline{X}]\}^2$ と **4.5** より

$$E[\overline{X}^2] = \frac{1}{n}\sigma^2 + \mu^2$$

が成り立つ．以上のことから

$$E[S^2] = E\left[\frac{1}{n}\sum_{i=1}^{n}(X_i - \overline{X})^2\right] = E\left[\frac{1}{n}(X_1^2 + X_2^2 + \cdots + X_n^2) - \overline{X}^2\right]$$

$$= \frac{1}{n}n(\sigma^2 + \mu^2) - \left(\frac{1}{n}\sigma^2 + \mu^2\right) = \left(1 - \frac{1}{n}\right)\sigma^2 = \frac{n-1}{n}\sigma^2$$

よって，標本分散の期待値は母分散とは異なる．そこで

$$U^2 = \frac{n}{n-1}S^2 = \frac{1}{n-1}\sum_{i=1}^{n}(X_i - \overline{X})^2$$

とおくと $E[U^2] = \sigma^2$ が成り立つ．この U^2 を**不偏分散**という．

―――――――――――――――――――――――――――――― *Let's TRY* ――――

問 **4.5**　さいころを 15 回振って出る目から計算される標本分散 S^2 と不偏分散 U^2 の期待値 $E[S^2], E[U^2]$ を求めよ．

――

正規分布の 1 次結合　2 つ以上の確率変数が互いに独立で，それぞれが正規分布にしたがっているとき，それらの定数倍の和（1 次結合）で表される確率変数も正規分布にしたがうことが知られている．これを正規分布の**再生性**という．次が成り立つ（問 A.9 参照）．

4.6　**［定理］正規分布の再生性**

a_1, a_2, c を定数とする．確率変数 X_1, X_2 は互いに独立で，各 X_i は正規分布 $N(\mu_i, \sigma_i^2)$ にしたがうとする．このとき確率変数 $a_1X_1 + a_2X_2 + c$ は正規分布 $N(a_1\mu_1 + a_2\mu_2 + c, a_1^2\sigma_1^2 + a_2^2\sigma_2^2)$ にしたがう．

70　　　第 4 章　2 次元確率分布と標本分布

例題 4.2　確率変数 X, Y は互いに独立で X は正規分布 $N(2, 3^2)$ にしたがい，Y は正規分布 $N(1, 2^2)$ にしたがうとする．このとき巻末の正規分布表（付表 1）を用いて次の確率を求めよ．

(1)　$P(X + 2Y - 3 \leqq 4)$

(2)　$P(1 - \sqrt{13} \leqq X - Y \leqq 1 + 2\sqrt{13})$

解　(1)　X は $N(2, 9)$，Y は $N(1, 4)$ にしたがうので正規分布の再生性 **4.6** より $X + 2Y - 3$ は正規分布 $N(1 \times 2 + 2 \times 1 - 3, 1^2 \times 9 + 2^2 \times 4)$ すなわち $N(1, 25)$ にしたがう．よって $Z = \dfrac{(X + 2Y - 3) - 1}{5}$ とおくと，Z は標準正規分布 $N(0, 1)$ にしたがうから

$$\underset{\displaystyle \frac{(X + 2Y - 3) - 1}{5} \leqq \frac{3}{5} = 0.6}{}$$

$$P(X + 2Y - 3 \leqq 4) = P(Z \leqq 0.6) = 0.5 + 0.2257 = 0.7257$$

(2)　正規分布の再生性より $X - Y$ は正規分布 $N(1, 13)$ にしたがう．よって $Z = \dfrac{X - Y - 1}{\sqrt{13}}$ とおくと，Z は標準正規分布 $N(0, 1)$ にしたがうから

$$P(1 - \sqrt{13} \leqq X - Y \leqq 1 + 2\sqrt{13})$$
$$= P(-1 \leqq Z \leqq 2)$$
$$= P(-1 \leqq Z \leqq 0) + P(0 \leqq Z \leqq 2)$$
$$= 0.3413 + 0.4772 = 0.8185$$　■

――――――――――――――――――――――――――――― *Let's TRY* ―――

問 4.6　確率変数 X, Y が互いに独立でそれぞれ正規分布 $N(1, 2)$, $N(6, 7)$ にしたがうとき，次の確率を求めよ．

(1)　$P(X + Y \geqq 9.4)$　　　(2)　$P(Y \leqq 3X)$

正規分布 $N(\mu, \sigma^2)$ にしたがう母集団を**正規母集団** $N(\mu, \sigma^2)$ という．この母集団から抽出した，大きさ n の無作為標本 $X_1, X_2, \ldots, X_n$ の標本平均を $\overline{X}$ とするとき，正規分布の再生性 **4.6** より次が成り立つ．

4.2 標本調査

4.7 **［定理］正規母集団の標本平均の確率分布**

正規母集団 $N(\mu, \sigma^2)$ から抽出した大きさ n の無作為標本の標本平均 $\overline{X}$ は正規分布 $N\left(\mu, \dfrac{\sigma^2}{n}\right)$ にしたがう.

例題 4.3 正規母集団 $N(10, 72)$ から抽出した大きさ 8 の無作為標本の平均を $\overline{X}$ とする. 標本平均 $\overline{X}$ が 12.1 より大きくなる確率を求めよ.

- -

解 $\overline{X}$ は正規分布 $N\left(10, \dfrac{72}{8}\right) = N(10, 9)$ にしたがう. $Z = \dfrac{\overline{X} - 10}{3}$ は標準正規分布 $N(0, 1)$ にしたがうから, 求める確率は巻末の付表 1 を用いて

$$P(\overline{X} > 12.1) = P(Z > 0.7) = 0.5 - 0.2580 = 0.2420 \qquad \blacksquare$$

Let's TRY

問 4.7 正規母集団 $N(5, 16)$ から抽出した大きさ 25 の無作為標本の平均を $\overline{X}$ とする. このとき確率 $P(4 < \overline{X} < 6)$ を求めよ.

中心極限定理 母集団が正規分布となっていないときでも, 十分大きな無作為標本を抽出すると, その標本平均 $\overline{X}$ は近似的に正規分布にしたがうことが知られている. この定理を**中心極限定理**という (A.6 節参照).

4.8 **［定理］中心極限定理**

確率変数 $X_1, \ldots, X_n$ が互いに独立で平均 μ, 分散 σ^2 をもつ同一の確率分布にしたがうものとする. n が十分に大きいとき, その標本平均 $\overline{X} = \dfrac{1}{n}(X_1 + \cdots + X_n)$ は近似的に正規分布 $N\left(\mu, \dfrac{\sigma^2}{n}\right)$ にしたがう.

この定理からも正規分布の重要性が認められる. 標本の大きさ n がどの程度であれば, このような近似が正当化できるかについては母集団の内容や求められている近似の精度に依存する. 一般に $n \geq 30$ であれば, 標本平均 $\overline{X}$ の分布は正規分布であると考えても実用上問題がないといわれている. このような標本を**大標本**といい, $n < 30$ のときの標本を**小標本**という.

72　　　　　　　　　第4章　2次元確率分布と標本分布

> **例題 4.4**　ある養鶏場で生産しているニワトリの卵の重さの平均は 62 g で分散は 8 であることが知られている．この養鶏場の卵から 50 個の標本を無作為に取り出すとき，標本平均 $\overline{X}$ が 61 より小さくなる確率を求めよ．

解　標本の大きさが十分大きいので $\overline{X}$ は正規分布 $N\left(62, \dfrac{8}{50}\right) = N(62, 0.4^2)$

にしたがうとしてよい．$Z = \dfrac{\overline{X} - 62}{0.4}$ は標準正規分布 $N(0, 1)$ にしたがうから，

求める確率は

$$P(\overline{X} < 61) = P(Z < -2.5) = 0.5 - 0.4938 = 0.0062 \qquad ■$$

Let's TRY

問 4.8　全国統一模擬試験の数学の成績が平均 46.2 点で標準偏差が 16 点であることがわかっている．このとき 100 人の受験者を無作為に選び出してその平均点を $\overline{X}$ とする．$45 < \overline{X} < 47$ となる確率を求めよ．

二項母集団と母比率　「眼鏡をかけている」「眼鏡をかけていない」，またはある政策を「支持する」「支持しない」などのようにすべての要素がある特性をもつか，もたないかのどちらかに分けられるとき，このような母集団を**二項母集団**という．二項母集団において各要素がその性質をもつとき $X = 1$，もたないとき $X = 0$ を対応させると X は確率変数になる．二項母集団において $X = 1$ となる要素の全体における割合を**母比率**という．母比率を p とし，$q = 1 - p$ とおくと，X の確率分布は右のようになり，その平均は

$$E[X] = 1 \times p + 0 \times q = p$$

$$E[X^2] = 1^2 \times p + 0^2 \times q = p$$

X	1	0	計
確率	p	q	1

となり，分散は

$$V[X] = E[X^2] - (E[X])^2 = p - p^2 = p(1 - p) = pq$$

となる．この二項母集団から大きさ n の無作為標本 $X_1, X_2, \ldots, X_n$ を抽出すると $X_1 + X_2 + \cdots + X_n$ は標本におけるこの特性をもつ要素の個数を表し，したがって標本平均 $\overline{X} = \dfrac{1}{n}(X_1 + X_2 + \cdots + X_n)$ は標本の中でこの特性をもつ

要素の割合を表す．これを **標本比率**といい，記号 $\widehat{P}$ で表す． **4.5** より

$$E[\widehat{P}] = p, \quad V[\widehat{P}] = \frac{pq}{n}$$

が成り立つ．また，この二項母集団に中心極限定理 **4.8** を適用すると次が成り立つ．

4.9 [定理] 大標本の標本比率の分布

　母比率 p の二項母集団から大きさ n の標本を無作為に抽出し，その標本比率を $\widehat{P}$ とする．n が大きいとき，$\widehat{P}$ は近似的に正規分布 $N\left(p, \dfrac{pq}{n}\right)$ にしたがう．ただし，$q = 1 - p$．

例題 4.5　17 才の学生で携帯ゲーム機をもっている割合が 0.6 であるとする．このとき，17 才の学生を 600 人無作為に抽出し，ゲーム機をもっているか確かめ，その中でゲーム機をもっている割合を $\widehat{P}$ とする．$\widehat{P}$ の平均と分散を求めよ．また $\widehat{P} < 0.63$ である確率を求めよ．

- -

解　母比率を p とすると，題意より $p = 0.6$ と仮定できる．標本比率 $\widehat{P}$ の平均と分散はそれぞれ

$$E[\widehat{P}] = p = 0.6, \quad V[\widehat{P}] = \frac{0.6 \times 0.4}{600} = 0.02^2$$

標本の大きさが大きいので $\widehat{P}$ は近似的に正規分布 $N(0.6, 0.02^2)$ にしたがうとしてよい．$Z = \dfrac{\widehat{P} - 0.6}{0.02}$ は標準正規分布 $N(0, 1)$ にしたがうとしてよいから，求める確率は

$$P(\widehat{P} < 0.63) = P(Z < 1.5) = 0.5 + 0.4332 = 0.9332 \qquad ■$$

Let's TRY

問 4.9　ある 10 円玉を投げて表になる確率が正確に 0.5 であるとする．この 10 円玉を 100 回投げたとき，表の出る割合を $\widehat{P}$ とする．$\widehat{P} > 0.6$ となる確率を求めよ．

4.3 いろいろな確率分布

以下では後の章で説明する推定・検定でよく用いられる 2 つの確率分布をとり上げる．

分布 n 個の確率変数 $X_1, X_2, \ldots, X_n$ が互いに独立で，各変数 X_i は標準正規分布 $N(0,1)$ にしたがうとする．このとき確率変数

$$X = X_1^2 + X_2^2 + \cdots + X_n^2$$

がしたがう確率分布を**自由度 n の χ^2 分布**という．右の図は $n=1,2,\ldots,5$ のときの自由度 n の χ^2 分布の確率密度関数のグラフである．

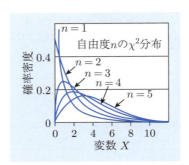

例 4.8 正規母集団 $N(4, 7^2)$ から大きさ 5 の無作為標本 $X_1, X_2, \ldots, X_5$ を取り出したとき，変数

$$Z_i = \frac{X_i - 4}{7} \quad (i = 1, 2, \ldots, 5)$$

はそれぞれ標準正規分布 $N(0,1)$ にしたがう．このとき

$$Z = \sum_{i=1}^{5} Z_i^2 = \sum_{i=1}^{5} \left(\frac{X_i - 4}{7} \right)^2$$

は自由度 5 の χ^2 分布にしたがう． ∎

巻末の χ^2 分布表（付表 3）は，確率変数 X が自由度 n の χ^2 分布にしたがうとき，推定や検定でよく用いられる確率の値 α に対して

$$P(X \geqq k) = \alpha$$

を満たす k の近似値を示したものである．この k の値を $\chi_n^2(\alpha)$ とかき，χ^2 分布の**上側 α 点**または**上側 $100\,\alpha\,\%$ 点**という．

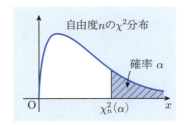

例 4.9 確率変数 X が自由度 8 の χ^2 分布にしたがうとする．付表 3 を用いて
$$\chi_8^2(0.975) = 2.180, \quad \chi_8^2(0.025) = 17.53$$
であるから
$$P(2.180 \leqq X \leqq 17.53) = 0.95$$
であることがわかる． ■

―――――――――――――― *Let's TRY* ――――――――――――――

問 4.10 巻末の χ^2 分布表から次の値を求めよ．
(1) $\chi_{15}^2(0.990)$　(2) $\chi_6^2(0.025)$

χ^2 分布について次の定理が知られている．

> **4.10　[定理] χ^2 分布にしたがう統計量**
>
> 正規母集団 $N(\mu, \sigma^2)$ から抽出した大きさ n の無作為標本の標本平均を $\overline{X}$, 標本分散を S^2, 不偏分散を U^2 とするとき
> $$X = \sum_{i=1}^{n} \left(\frac{X_i - \overline{X}}{\sigma} \right)^2 = \frac{nS^2}{\sigma^2} = \frac{(n-1)U^2}{\sigma^2}$$
> は自由度 $n-1$ の χ^2 分布にしたがう．

■**注意**　上記の定理で自由度が $n-1$ になる理由は n 個の変数
$$X_1 - \overline{X}, \ X_2 - \overline{X}, \ \ldots, \ X_n - \overline{X}$$
の間に関係式
$$(X_1 - \overline{X}) + (X_2 - \overline{X}) + \cdots + (X_n - \overline{X}) = (X_1 + X_2 + \cdots + X_n) - n\overline{X} = 0$$
が成り立ち，変数 $X_n - \overline{X}$ は残りの $n-1$ 個の変数 $X_i - \overline{X}$ $(i = 1, 2, \ldots, n-1)$ より定まるからである．自由な変数は $n-1$ 個と考えることができる．

―――――――――――――― *Let's TRY* ――――――――――――――

問 4.11 正規母集団 $N(7, 5)$ から抽出した大きさ 15 の無作為標本の標本分散 S^2 が 7.02 以下となる確率を求めよ．

t 分布 確率変数 Z と X は互いに独立で，Z は標準正規分布 $N(0,1)$ にしたがい，X は自由度 n の χ^2 分布にしたがっているとする．このとき確率変数

$$T = \frac{Z}{\sqrt{\frac{X}{n}}}$$

がしたがう確率分布を**自由度 n の t 分布**という．下は自由度が $n=1,2,\ldots,\infty$ のときの t 分布のグラフである．直線 $t=0$ に対称なグラフで自由度 n が大きくなるにつれて標準正規分布 $N(0,1)$ に近づくことが知られている．

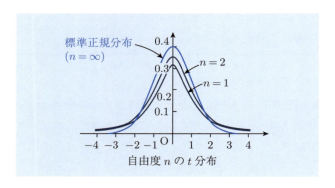

自由度 n の t 分布

巻末の t 分布表（付表 4）は確率変数 T が自由度 n の t 分布にしたがうとき，検定などによく用いられる値 α について

$$P(|T| \geqq k) = \alpha \quad \leftarrow P(T \geqq k) = \alpha \text{ ではないので注意すること．}$$

を満たす k の近似値を示したものである．この k の値を $t_n(\alpha)$ とかき，t 分布の**両側 α 点**または**両側 100α％ 点**という．

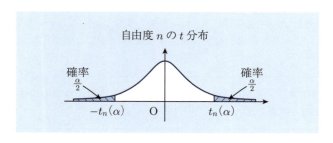

例 4.10 確率変数 T が自由度 10 の t 分布にしたがうとする．$t_{10}(0.05) = 2.228$ であるから

$$P(|T| \geqq 2.228) = 0.05, \quad P(T \geqq 2.228) = 0.025$$

などがわかる． ∎

―――― *Let's TRY* ――――

問 4.12 巻末の t 分布表から次の値を求めよ．
(1) $t_{20}(0.100)$　　(2) $t_6(0.050)$

問 4.13 T が自由度 4 の t 分布にしたがうとき，次の確率を求めよ．
(1) $P(|T| \leqq 2.132)$　　(2) $P(-1.533 \leqq T \leqq 3.747)$

正規母集団 $N(\mu, \sigma^2)$ から抽出された大きさ n の無作為標本の平均 $\overline{X}$ に対し，これを標準化した確率変数 $Z = \dfrac{\overline{X} - \mu}{\frac{\sigma}{\sqrt{n}}}$ は **4.7** より標準正規分布 $N(0,1)$ にしたがう．また **4.10** より $X = \dfrac{(n-1)U^2}{\sigma^2}$ は自由度 $n-1$ の χ^2 分布にしたがう．この 2 つの確率変数 Z と X は互いに独立であることが知られているので t 分布の定義より

$$T = \frac{Z}{\sqrt{\frac{X}{n-1}}} = \frac{\frac{\overline{X} - \mu}{\frac{\sigma}{\sqrt{n}}}}{\sqrt{\frac{(n-1)U^2}{(n-1)\sigma^2}}} = \frac{\overline{X} - \mu}{\frac{U}{\sqrt{n}}}$$

は自由度 $n-1$ の t 分布にしたがうことがわかる．以上をまとめると

> **4.11** ［定理］t 分布にしたがう統計量
>
> 正規母集団 $N(\mu, \sigma^2)$ から抽出した大きさ n の無作為標本の標本平均を $\overline{X}$，不偏分散を U^2 とするとき
>
> $$T = \frac{\overline{X} - \mu}{\frac{U}{\sqrt{n}}}$$
>
> は自由度 $n-1$ の t 分布にしたがう．

78　第 4 章　2 次元確率分布と標本分布

●●●●●●●●●●●●●●●●●●　第 4 章　演習問題 A　●●●●●●●●●●●●●●●●●

1　2 次元確率変数 (X, Y) の同時確率分布が右で与えられるとき，次の問いに答えよ．

(1)　「$X = 2$ かつ $Y = 3$」である確率を求めよ．

(2)　X, Y は互いに独立かどうか答えよ．

(3)　期待値（平均）$E[X]$, $E[Y]$, $E[XY]$ を求めよ．

(4)　X, Y の分散 $V[X]$, $V[Y]$ を求めよ．

(5)　X と Y の共分散 $\mathrm{Cov}[X, Y]$，および相関係数 $\rho[X, Y]$ を求めよ．

X＼Y	3	4
1	$\frac{2}{5}$	$\frac{1}{5}$
2	p	0

2　a, b を正の定数とする．X, Y の同時確率密度関数が

$$f(x, y) = \begin{cases} k & \left(x \geqq 0,\, y \geqq 0,\, 0 \leqq \dfrac{x}{a} + \dfrac{y}{b} \leqq 1 \right) \\ 0 & （上記以外の領域） \end{cases}$$

で与えられるとき，次の問いに答えよ．

(1)　定数 k の値を求めよ．

(2)　X, Y は互いに独立かどうか答えよ．

(3)　期待値（平均）$E[X]$, $E[Y]$, $E[XY]$ を求めよ．

(4)　X, Y の分散 $V[X]$, $V[Y]$ を求めよ．

(5)　X, Y の共分散 $\mathrm{Cov}[X, Y]$，および相関係数 $\rho[X, Y]$ を求めよ．

3　確率変数 X, Y, W が互いに独立でそれぞれ正規分布 $N(3, 9)$, $N(5, 7)$, $N(4, 1)$ にしたがうとする．次の確率を求めよ．

(1)　$P(X + Y \geqq 10)$

(2)　$P(X + Y \leqq 3W)$

4　正規母集団 $N(28, 36)$ から大きさ 9 の無作為標本をとり，その標本平均を $\overline{X}$ とする．$25.8 \leqq \overline{X} \leqq 30$ となる確率を求めよ．

5　ある正規母集団から大きさ 12 の無作為標本をとり，その標本分散を S^2 とする．$P(S^2 \geqq 10) = 0.05$ となるとき，母分散を求めよ．

6　平均が 37，分散が 18 の母集団から大きさ 200 の無作為標本をとり，その標本平均を $\overline{X}$ とする．$\overline{X} \leqq 36.49$ となる確率を求めよ．

第4章　演習問題 B　　　**79**

第**4**章　演習問題 **B**

7 確率変数 X, Y は互いに独立で，それぞれ正規分布 $N(2,6)$, $N(1,1)$ にしたがっているとする．$Y > \dfrac{2}{5}X + 1.6$ となる確率を求めよ．

8 確率変数 X, Y は互いに独立で，X は正規分布 $N(5,4)$ にしたがい，Y は自由度 9 の χ^2 分布にしたがうとする．次の問いに答えよ．

(1) $T = \dfrac{3X - 15}{2\sqrt{Y}}$ はどのような分布にしたがうか．

(2) $3X - 15 < -4.524\sqrt{Y}$ となる確率を求めよ．

9 確率変数 X, Y は互いに独立で，それぞれポアソン分布 $Po(\lambda)$, $Po(\mu)$ にしたがうものとする．確率変数 $Z = X + Y$ とおくとき，Z は $Po(\lambda + \mu)$ にしたがうことを示せ．

10 a, b を正の定数とする．X, Y の同時確率密度関数が

$$f(x,y) = \begin{cases} k(3x^2 + xy) & (0 \leq x \leq 1,\, 0 \leq y \leq 2) \\ 0 & （上記以外の領域） \end{cases}$$

で与えられるとき，次の問いに答えよ．

(1) 定数 k の値を求めよ．　(2) X, Y は互いに独立かどうか答えよ．

(3) 期待値（平均）$E[X]$, $E[Y]$, $E[XY]$ を求めよ．

(4) X, Y の分散 $V[X]$, $V[Y]$ を求めよ．

(5) X, Y の共分散 $\mathrm{Cov}[X,Y]$，および相関係数 $\rho[X,Y]$ を求めよ．

11 母平均 μ，母分散 σ^2 の母集団から抽出された大きさ n の無作為標本の標本平均を $\overline{X}$ とおく．任意の正の数 ε に対して

$$P(|\overline{X} - \mu| > \varepsilon) \to 0 \quad (n \to \infty)$$

が成り立つ．このことを，チェビシェフの不等式を用いて証明せよ．

12 X_1, X_2 は互いに独立で同じ確率密度関数 $f(x)$ をもつとき，$Y = \max(X_1, X_2)$ とおく．このとき，次の問いに答えよ．ただし，$\max(a,b)$ は，a, b のうち，小さくない方を表す．また，X_1, X_2 の累積分布関数を $F(x)$ とおく．

(1) Y の確率密度関数 $g(y)$ を $f(x)$ と $F(x)$ を用いて表せ．

(2) $f(x) = \alpha e^{-\alpha x}$ $(x \geq 0)$ とするとき，$g(y)$ を求めよ．

5 推定と検定

　本章では，限られたデータ（標本）から，母集団の分布を特徴づける母平均や母分散などの母数を推定する手法，および，母数に関する仮説を統計的に検定する手法を学習する．これらは，選挙における出口調査による当選確実かどうかの予測，各地域におけるテレビ番組の視聴率の予測，工業における品質管理，医薬品における効果や副作用の検証，心理学などにおける仮説の検証など，さまざまな分野で利用される．

5.1 母数の推定

　母集団に標本調査を行い，そこから得られた情報をもとに母平均や母分散などの母数を推定することを考える．

点推定　4.2 節で説明したように，ひとつの変量 X に対して無作為に抽出された大きさ n の標本 $X_1, X_2, \ldots, X_n$ は，X と同じ確率分布にしたがう互いに独立な n 個の確率変数とみなせる．また，これらから得られる標本平均 $\overline{X} = \frac{1}{n}(X_1 + X_2 + \cdots + X_n)$ などの統計量も確率変数である．これに対して，標本が一組得られたとき，それに応じて確率変数の値が確定する．このような値を**実現値**という．本章では確率変数と区別するため，その実現値を小文字で $x_1, x_2, \ldots, x_n, \overline{x} = \frac{1}{n}(x_1 + x_2 + \cdots + x_n)$ などと表す．

　得られた実現値から母数を 1 つの値により推定することを**点推定**といい，その値を母数の**推定値**という．推定値に対応する確率変数（統計量）を**推定量**という．

　推定量 T の期待値 $E[T]$ が母数 θ と一致するとき，この推定量 T は θ に対して**不偏性**をもつといい，この T を母数 θ の**不偏推定量**という．母数の推定値を求めるときは，通常，その不偏推定量の実現値が用いられる．

　母平均が μ，母分散が σ^2 である母集団から大きさ n の無作為標本を抽出し，その標本平均を $\overline{X}$，不偏分散 U^2 とすると 4.2 節で示したように，

5.1 母数の推定

$$E[\overline{X}] = \mu, \quad E[U^2] = \sigma^2$$

となるので，標本平均 $\overline{X}$ は母平均 μ の不偏推定量であり，不偏分散 U^2 は母分散 σ^2 の不偏推定量である．一方，標本分散 S^2 は $E[S^2] = \dfrac{n-1}{n}\sigma^2$ となるので母分散 σ^2 の不偏推定量ではない．

■**注意** 良い推定量であるための基準は不偏性だけではない．2つの推定量 T_1, T_2 について $V[T_1] < V[T_2]$ となるとき，T_2 より T_1 の方が**有効**であるという．分散が小さな推定量の方が良い推定量になる．母数 θ の推定量 T の値が，標本の大きさ n が大きくなるほど，母数 θ の値に近づいていく場合，T を**一致推定量**という．標本平均 $\overline{X}$ は母平均の最も有効な不偏推定量であり，大数の法則より一致推定量でもある．

例 5.1 母集団から無作為抽出により次のような 10 個の標本を得たとする．

| 48 | 55 | 49 | 60 | 47 | 44 | 53 | 56 | 51 | 52 |

この標本より標本平均の実現値 $\overline{x}$ と不偏分散の実現値 u^2 を求めると

$$\overline{x} = \frac{1}{10} \times 515 = 51.5, \quad u^2 = \frac{10}{9}s^2 = \frac{10}{9}(\overline{x^2} - \overline{x}^2) = 22.5$$

よって母平均 μ の推定値は 51.5，母分散 σ^2 の推定値は 22.5 である．　■

Let's TRY

問 5.1 ある農家から出荷されたトマトから 10 個を抜き出して重さ（単位は [g]）を量ったところ次のようであった．トマトの重さの平均と分散を推定せよ．

| 152 | 163 | 149 | 167 | 150 | 144 | 153 | 156 | 161 | 158 |

区間推定 母平均 μ を標本平均の実現値 $\overline{x}$ で推定するなど，点推定は母数を標本の統計量の実現値で推定するものであった．点推定では推定した値がどれほどの信頼性があるか明確でない欠点がある．これに対して標本の実現値から計算される t_1 と t_2 を用いて「母数 θ が $t_1 \leqq \theta \leqq t_2$ の範囲にある確率は 95% である」のように一定の確率で母数 θ が存在する範囲を推定することを**区間推定**という．母数 θ と 1 より小さな正の数 α に対して

$$P(t_1 \leqq \theta \leqq t_2) = 1 - \alpha$$

となるとき，$t_1 \leqq \theta \leqq t_2$ を **$100(1-\alpha)\%$ 信頼区間**といい，$100(1-\alpha)\%$ を**信頼度**または**信頼率**という．また，信頼区間の端点 t_1, t_2 を **$100(1-\alpha)\%$ 信頼限界**という．

正規母集団の母平均の推定（母分散が既知の場合）　正規母集団 $N(\mu, \sigma^2)$ から無作為抽出した大きさ n の標本の標本平均を $\overline{X}$ とすると，$\overline{X}$ は正規分布 $N\left(\mu, \dfrac{\sigma^2}{n}\right)$ にしたがい，これを標準化した $Z = \dfrac{\overline{X} - \mu}{\dfrac{\sigma}{\sqrt{n}}}$ は標準正規分布 $N(0,1)$ にしたがう．よって $\overline{X}$ の実現値 $\overline{x}$ について

$$-z\left(\frac{\alpha}{2}\right) \leqq \frac{\overline{x} - \mu}{\dfrac{\sigma}{\sqrt{n}}} \leqq z\left(\frac{\alpha}{2}\right)$$

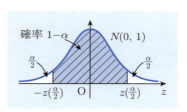

となる確率は $1 - \alpha$ となる．したがって

$$-z\left(\frac{\alpha}{2}\right)\frac{\sigma}{\sqrt{n}} \leqq \overline{x} - \mu \leqq z\left(\frac{\alpha}{2}\right)\frac{\sigma}{\sqrt{n}}$$

となり，不等式 $\overline{x} - z\left(\dfrac{\alpha}{2}\right)\dfrac{\sigma}{\sqrt{n}} \leqq \mu \leqq \overline{x} + z\left(\dfrac{\alpha}{2}\right)\dfrac{\sigma}{\sqrt{n}}$ が $100(1-\alpha)\%$ の確率で成り立つ．以上より次が成り立つ．

5.1　正規母集団の母平均の推定（母分散が既知の場合）

母分散 σ^2 が既知である正規母集団 $N(\mu, \sigma^2)$ から抽出された大きさ n の無作為標本の標本平均の実現値を $\overline{x}$ とすると母平均 μ の $100(1-\alpha)\%$ 信頼区間は次の式で与えられる．

$$\overline{x} - z\left(\frac{\alpha}{2}\right)\frac{\sigma}{\sqrt{n}} \leqq \mu \leqq \overline{x} + z\left(\frac{\alpha}{2}\right)\frac{\sigma}{\sqrt{n}}$$

例題 5.1　ある工場で生産されている電球から 25 個を標本として無作為に取り出したところ，電球寿命の標本平均は 1410 時間であった．この工場で現在，生産されている電球の電球寿命は標準偏差 200 時間の正規分布にしたがうことが知られているとする．この工場で現在，生産されている電球の平均寿命の 95% 信頼区間を求めよ．

解 現在，この工場で生産されている電球の平均寿命を μ 時間とすると，求める 95% 信頼区間は

$$1410 - z(0.025)\frac{200}{\sqrt{25}} \leqq \mu \leqq 1410 - z(0.025)\frac{200}{\sqrt{25}}$$

$z(0.025) = 1.960$ なので

$$1410 - 1.960 \times 40 \leqq \mu \leqq 1410 + 1.960 \times 40$$

$$1331.6 \leqq \mu \leqq 1488.4 \qquad\blacksquare$$

―――― *Let's TRY* ――――

問 5.2 正規母集団 $N(\mu, 0.5)$ から大きさ 50 の無作為標本を取り出したところ，その標本平均が $\overline{x} = 5.2$ であった．母平均 μ の 95% 信頼区間と 99% 信頼区間を求めよ．

正規母集団の母平均の推定（母分散が未知の場合） 正規母集団 $N(\mu, \sigma^2)$ から無作為抽出した大きさ n の標本の標本平均を $\overline{X}$ とし，不偏分散を U^2 とすると **4.11** より

$$T = \frac{\overline{X} - \mu}{\frac{U}{\sqrt{n}}}$$

は自由度 $n-1$ の t 分布にしたがう．よって $\overline{X}, U$ の実現値 $\overline{x}, u$ について

$$-t_{n-1}(\alpha) \leqq \frac{\overline{x} - \mu}{\frac{u}{\sqrt{n}}} \leqq t_{n-1}(\alpha)$$

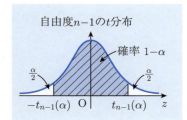

となる確率は $1 - \alpha$ となる．この不等式より

$$-t_{n-1}(\alpha)\frac{u}{\sqrt{n}} \leqq \overline{x} - \mu \leqq t_{n-1}(\alpha)\frac{u}{\sqrt{n}}$$

となり，これより不等式

$$\overline{x} - t_{n-1}(\alpha)\frac{u}{\sqrt{n}} \leqq \mu \leqq \overline{x} + t_{n-1}(\alpha)\frac{u}{\sqrt{n}}$$

が $100(1-\alpha)\%$ の確率で成り立つ．以上より次が成り立つ．

84　　　　　　　　　　　第5章　推定と検定

5.2　正規母集団の母平均の推定（母分散が未知の場合）

母分散 σ^2 が未知である正規母集団 $N(\mu, \sigma^2)$ から抽出された大きさ n の無作為標本の標本平均の実現値を $\overline{x}$, 不偏分散の実現値を u^2 とすると母平均 μ の $100(1-\alpha)\%$ 信頼区間は次の式で与えられる.

$$\overline{x} - t_{n-1}(\alpha)\frac{u}{\sqrt{n}} \leqq \mu \leqq \overline{x} + t_{n-1}(\alpha)\frac{u}{\sqrt{n}}$$

■**注意**　標本分散の実現値を s^2 とすると, $u = \sqrt{\frac{n}{n-1}}\, s$ であるから上記の母分散が未知の場合の母平均 μ の $100(1-\alpha)\%$ 信頼区間は以下のようになる.

$$\overline{x} - t_{n-1}(\alpha)\frac{s}{\sqrt{n-1}} \leqq \mu \leqq \overline{x} + t_{n-1}(\alpha)\frac{s}{\sqrt{n-1}}$$

例題 5.2　ある溶液の pH の測定値は次のようであった.

| 7.90 | 7.94 | 7.91 | 7.93 |

この溶液の pH 測定値の真の平均値を μ とおく. pH 測定値は正規分布にしたがうとするとき, μ の 99% 信頼区間を求めよ.

- -

解　標本の大きさは 4 であり, 標本平均の実現値 $\overline{x}$ および標本の不偏分散の平方根の実現値 u はそれぞれ

$$\overline{x} = 7.92, \quad u = \sqrt{\frac{(-0.02)^2 + 0.02^2 + (-0.01)^2 + 0.01^2}{3}} = 0.0182574$$

であり, 巻末の付表 4 より $t_3(0.01) = 5.841$ なので求める μ の 99% 信頼区間は

$$7.92 - 5.841 \times \frac{0.018257}{2} \leqq \mu \leqq 7.92 + 5.841 \times \frac{0.018257}{2}$$

$$7.867 \leqq \mu \leqq 7.973$$

■

―――――――――――――――――――――――――――――――― *Let's TRY* ――――

問 5.3　ある農場で収穫されたある果物について無作為に 10 個取り出して重さ（単位は [g]）を量ったところ次のようであった.

| 62 | 57 | 65 | 60 | 63 | 58 | 57 | 60 | 60 | 58 |

果物の重さが正規分布にしたがうとき, この重さの母平均 μ の 90% 信頼区間を求めよ.

5.1 母数の推定

正規母集団の母分散の推定 正規母集団 $N(\mu, \sigma^2)$ から大きさ n の無作為標本を抽出し,その標本分散を S^2 とすると 4.10 より $\dfrac{nS^2}{\sigma^2}$ は自由度 $n-1$ の χ^2 分布にしたがうので標本分散 S^2 の実現値を s^2 とすると,$0 < \alpha < 1$ となる正の数 α に対して

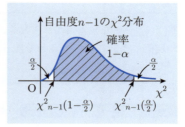

$$\chi^2_{n-1}\left(1-\frac{\alpha}{2}\right) \leqq \frac{ns^2}{\sigma^2} \leqq \chi^2_{n-1}\left(\frac{\alpha}{2}\right)$$

となる確率は $1-\alpha$ である.よってこの各辺の逆数をとり,各辺に ns^2 を掛けると

$$\frac{ns^2}{\chi^2_{n-1}\left(\frac{\alpha}{2}\right)} \leqq \sigma^2 \leqq \frac{ns^2}{\chi^2_{n-1}\left(1-\frac{\alpha}{2}\right)}$$

となる確率が $1-\alpha$ となる.以上から次が成り立つ.

5.3 正規母集団の母分散の推定

正規母集団 $N(\mu, \sigma^2)$ から抽出された大きさ n の無作為標本の標本分散の実現値を s^2 とすると,母分散 σ^2 の $100(1-\alpha)\%$ 信頼区間は

$$\frac{ns^2}{\chi^2_{n-1}\left(\frac{\alpha}{2}\right)} \leqq \sigma^2 \leqq \frac{ns^2}{\chi^2_{n-1}\left(1-\frac{\alpha}{2}\right)}$$

例 5.1 の母集団は正規分布 $N(\mu, \sigma^2)$ にしたがうとする.このとき例 5.1 の大きさ 10 の標本分散の実現値 s^2 から母分散 σ^2 を区間推定するとその 95% 信頼区間は

$$\frac{10s^2}{\chi^2_9(0.025)} \leqq \sigma^2 \leqq \frac{10s^2}{\chi^2_9(0.975)}$$

である.$s^2 = 20.25$ と $\chi^2_9(0.025) = 19.02$, $\chi^2_9(0.975) = 2.700$ より求める 95% 信頼区間は

$$\frac{10 \times 20.25}{19.02} \leqq \sigma^2 \leqq \frac{10 \times 20.25}{2.700}$$

$$\therefore \quad 10.65 \leqq \sigma^2 \leqq 75.00$$

86　　　　　　　　　第 5 章　推定と検定

―――――――――――――――――――― *Let's TRY* ――――

問 **5.4**　ある正規母集団から大きさ 8 の標本を無作為抽出したところ，不偏分散の実
　現値が 3.57 であった．母分散 σ^2 の 95% 信頼区間を求めよ．また，99% 信頼区間
　も求めよ．

二項母集団の母比率の推定　　**4.9** でみたように母比率 p の二項母集団から
大きさ n の無作為標本を抽出したとき，n が十分大きければ，その標本比率 $\widehat{P}$
は正規分布 $N\left(p, \dfrac{p(1-p)}{n}\right)$ にしたがうから $Z = \dfrac{\widehat{P} - p}{\sqrt{\dfrac{p(1-p)}{n}}}$ は標準正規分布

$N(0, 1)$ にしたがう．よって標本比率 $\widehat{P}$ の実現値を $\widehat{p}$ とすると $0 < \alpha < 1$ を満
たす α について

$$-z\left(\frac{\alpha}{2}\right) \leqq \frac{\widehat{p} - p}{\sqrt{\frac{p(1-p)}{n}}} \leqq z\left(\frac{\alpha}{2}\right)$$

となる確率は $1 - \alpha$ となる．この不等式より

$$\widehat{p} - z\left(\frac{\alpha}{2}\right)\sqrt{\frac{p(1-p)}{n}} \leqq p \leqq \widehat{p} + z\left(\frac{\alpha}{2}\right)\sqrt{\frac{p(1-p)}{n}}$$

となる．この不等式を p について解いたものが母比率 p の $100(1-\alpha)$% 信頼区
間である．この計算は複雑であるので n が十分に大きく，$\widehat{p}$ が 0 や 1 に近くな
ければ，$\sqrt{\dfrac{p(1-p)}{n}}$ の部分の p を標本比率の実現値 $\widehat{p}$ に変えても実質上問題が
ないことが知られている．よって次が成り立つ．

> **5.4**　**二項母集団の母比率の推定**
>
> 　母比率 p の二項母集団から抽出された大きさ n の無作為標本の標本比
> 率の実現値を $\widehat{p}$ とする．n が十分に大きく，$\underline{\widehat{p} が 0 や 1 に近くなければ}$，
> 母比率 p の $100(1-\alpha)$% 信頼区間は
>
> $$\widehat{p} - z\left(\frac{\alpha}{2}\right)\sqrt{\frac{\widehat{p}(1-\widehat{p})}{n}} \leqq p \leqq \widehat{p} + z\left(\frac{\alpha}{2}\right)\sqrt{\frac{\widehat{p}(1-\widehat{p})}{n}}$$
>
> で与えられる．

5.1 母数の推定 **87**

例題 5.3 ある都市であるテレビ番組の視聴率を調べるため，2100 人の成人を無作為抽出して調査したところ，630 人がその番組を見ていた．この都市におけるこの番組の成人の視聴率 p の 95% 信頼区間を求めよ．

解 標本の大きさは 2100 であり，十分大きい．標本比率の実現値は $\hat{p} = \dfrac{630}{2100} = 0.3$ であるから，求める視聴率 p の 95% 信頼区間は **5.4** より

$$0.3 - 1.960 \times \sqrt{\frac{0.3 \times 0.7}{2100}} \leqq p \leqq 0.3 + 1.960 \times \sqrt{\frac{0.3 \times 0.7}{2100}}$$

$$\therefore \quad 0.280 \leqq p \leqq 0.320$$

∎

例題 5.4 ある都市である条例の賛成の割合 p を知るために成人を無作為抽出し，標本調査を行うことになった．p の 95% 信頼区間を求めたいが信頼区間の幅を 0.04 以下にするためには標本の大きさを何人以上にすればよいか求めよ．

解 標本の大きさを n とし，標本比率を $\hat{p}$ とするとき，95% 信頼区間の幅は

$$2 \times 1.960 \times \sqrt{\frac{\hat{p}(1 - \hat{p})}{n}}$$

である．$0 \leqq \hat{p} \leqq 1$ であり $\hat{p}(1 - \hat{p}) = -\left(\hat{p} - \dfrac{1}{2}\right)^2 + \dfrac{1}{4} \leqq \dfrac{1}{4}$ となるから，条件は

$$2 \times 1.960 \times \sqrt{\frac{1}{4n}} \leqq 0.04 \quad \Longleftrightarrow \quad n \geqq 2401$$

これより 2401 人以上にすればよい．

∎

Let's TRY

問 5.5 ある県で中学生を 200 人無作為に選んで眼鏡をかけているか調査したところ，70 人が眼鏡をかけていた．

(1) この県の眼鏡をかけている中学生の比率 p の 95% 信頼区間を求めよ．

(2) 標本比率が分からない状態で調査するとき，95% 信頼区間の幅を 0.08 以下にするためにはおよそ何人以上の中学生を調査する必要があるか．

5.2 統計的検定

与えられた母集団に対して標本調査を行い，その結果から母平均や母分散などの母数がある値に等しい（または，ある値より大きい，小さい）といえるか統計的に判断する方法を**統計的検定**という．

仮説と検定　母数についての主張を**仮説**といい，仮説の真偽を統計的に判定することを**仮説の検定**という．これを具体例で説明しよう．

例 5.3　ある地域の子供の人数は男子222名，女子178名の計400人であった．この地域の男子と女子の出生率は等しいといえるだろうか．

男子の出生率を p とおく．男女の出生率が等しいと仮定する．すなわち

$$H_0 : p = \frac{1}{2}$$

とする．この H_0 を**帰無仮説**という．これに対して男女の出生率が異なるという主張，すなわち

$$H_1 : p \neq \frac{1}{2}$$

を**対立仮説**とよぶ．H_0 を仮定すると，男子の人数 X は二項分布 $B\left(400, \frac{1}{2}\right)$ にしたがう．子供の人数が多いので二項分布 $B\left(400, \frac{1}{2}\right)$ は近似的に正規分布 $N\left(400 \times \frac{1}{2}, 400 \times \frac{1}{2} \times \frac{1}{2}\right)$ とみなすことができる．よって $Z = \dfrac{X - 200}{\sqrt{100}}$ は標準正規分布 $N(0,1)$ にしたがうとしてよい．

帰無仮説 H_0 が正しいとすると，男子の人数 X は200の近くに集まると考えられる．右図のように $|Z| \geq 1.960$ となる確率は5%である．いま，男子の人数が222であるから，Z の実現値 z は

$$z = \frac{222 - 200}{10} = 2.2$$

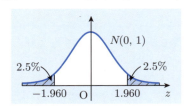

5.2 統計的検定

となり，$|z| \geqq 1.960$ が成り立つ．すなわち，仮説 H_0 のもとで 5% しか起こらないことが起きたことになる．これは仮説 H_0 が間違っていたと考える方が自然である．このことを有意水準 5% で H_0 を棄却するという．

また，$|Z| \geqq 2.576$ となる確率は 1% であるから，有意水準を 1% とすると仮説 H_0 は棄却されない．すなわち，男女の出生率に差があるといえない．このことを H_0 を**受容する**という．

以上をまとめると有意水準 5% で考えると，男女の出生率に差があるといえるが，有意水準 1% では差があるといえないということになる． ■

仮説の検定では，帰無仮説 H_0 の真偽を定めるため，分布がわかっている統計量を定め，その実現値で真偽を判断する．この統計量のことを**検定統計量**という．上記の例においては Z が検定統計量である．また，仮説の検定では有意水準のとり方によって結論が異なってくる．有意水準とは帰無仮説 H_0 が正しいにもかかわらず，H_0 を棄却してしまう確率でもある．よって有意水準のことを**危険率**ともいう．上記の例では有意水準を 5% に定めたとき，Z の実現値 z が $|z| \geqq 1.960$ を満たしたので，帰無仮説 H_0 を棄却した．この不等式のように帰無仮説 H_0 を棄却することになる検定統計量の範囲を**棄却域**という．有意水準が小さくなると棄却域は狭くなる．

5.5 検定の手順

① 帰無仮説 H_0 と対立仮説 H_1 を設定する．
② 帰無仮説 H_0 が正しいとして検定統計量を定める．
③ 有意水準と対立仮説 H_1 に応じて棄却域を設定する．
④ 実現値を計算し，棄却域に入るかどうか確認する．
⑤ 実現値が棄却域に入れば帰無仮説 H_0 を棄却する．
　棄却域に入らなければ H_0 を受容する（棄却できない）．

■**注意**　有意水準は検定を行う前に決めておくことが必要である．検定の途中で恣意的に変えてはならない．通常，有意水準は 5% に設定されることが多い．

90 第5章 推定と検定

母平均の検定 （母分散が既知のとき） 母平均が μ である正規母集団 $N(\mu, \sigma^2)$ において母分散 σ^2 が既知であるとする．このとき大きさ n の無作為標本を抽出すると，その標本平均 $\overline{X}$ は正規分布 $N\left(\mu, \dfrac{\sigma^2}{n}\right)$ にしたがう．よってその標準化

$$Z = \frac{\overline{X} - \mu}{\frac{\sigma}{\sqrt{n}}}$$

は標準正規分布 $N(0,1)$ にしたがう．いま，μ_0 を定数とし，帰無仮説 H_0 と対立仮説 H_1 を

$$H_0 : \mu = \mu_0, \quad H_1 : \mu \neq \mu_0$$

とおく．H_0 のもとで検定統計量として

$$Z = \frac{\overline{X} - \mu_0}{\frac{\sigma}{\sqrt{n}}}$$

をとり，検定を行う．例えば，有意水準が 5% のとき，Z の実現値 z とすると棄却域は

$$|z| \geqq z(0.025) \quad \Longleftrightarrow \quad |z| \geqq 1.960$$

例題 5.5 ある工場の製品の重さ（単位は [g]）は正規分布 $N(70, 2.0^2)$ にしたがうように調整されているとする．この工場の製品から，無作為に 16 個を取り出して重さを量ったところ，その平均値 $\overline{x}$ は 68.9 g であった．この工場の製品の重さの平均値が変化したといえるか，有意水準 5% で検定せよ．また，有意水準が 1% のときはどうか答えよ．

- -

解 この工場の製品の重さの平均を μ とする．帰無仮説 H_0 と対立仮説 H_1 を

$$H_0 : \mu = 70, \quad H_1 : \mu \neq 70$$

とおく．H_0 のもとで標本の大きさは 16 であるから，標本平均 $\overline{X}$ は正規分布 $N(70, 0.5^2)$ にしたがう．検定統計量として

$$Z = \frac{\overline{X} - 70}{0.5}$$

をとると Z は標準正規分布 $N(0,1)$ にしたがう．有意水準 5% のとき，棄

却域は $z(0.025) = 1.960$ より

$$|z| \geqq 1.960$$

である．Z の実現値 z は

$$z = \frac{68.9 - 70}{0.5} = -2.2$$

であるから，帰無仮説 H_0 は棄却される．有意水準 5% でこの工場の製品の重さは変化したといえる．

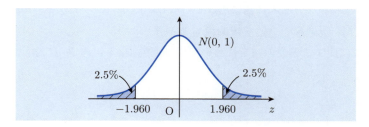

有意水準が 1% のとき，$z(0.005) = 2.576$ より，棄却域は

$$|z| \geqq 2.576$$

となる．よって H_0 は棄却できない．よって有意水準が 1% のとき，変化したといえない． ■

―――――――――――――――――――――――― *Let's TRY* ――

問 5.6 ある高校の 3 年生男子の身長（単位は [cm]）の分布は正規分布 $N(\mu, 36)$ にしたがっていると考えられている．この高校の 3 年生男子から無作為に 9 人選び，身長を測定したところ，平均 $\bar{x}$ が 166.8 [cm] であった．この高校の 3 年生男子の平均身長 μ は 170 [cm] であるといえるか，有意水準 5% で検定せよ．

両側検定と片側検定　例題 5.5 のように,棄却域を検定統計量の分布の両側にとる場合,このような検定方法を**両側検定**という.

これに対して,製造過程の改良などによって明らかに製品寿命が長くなるようなことが予期される場合,その製品寿命の平均値 μ がこれまでの平均寿命 μ_0 に比べ,長くなったか検定したい場合がある.このようなときには帰無仮説として $H_0 : \mu = \mu_0$ に対し,対立仮説を

$$H_1 : \mu > \mu_0$$

とおき,棄却域を分布の片側にだけとることがある.このような棄却域を分布の片側にだけとる検定方法を**片側検定**という.

母数 θ に関する仮説の検定において帰無仮説 $H_0 : \theta = \theta_0$ に対して対立仮説を

$$H_1 : \theta > \theta_0 \quad (\text{または, } H_1 : \theta < \theta_0)$$

とするとき,棄却域を分布の右側(または,左側)にとる.この検定を**右片側検定**(または,**左片側検定**)という.

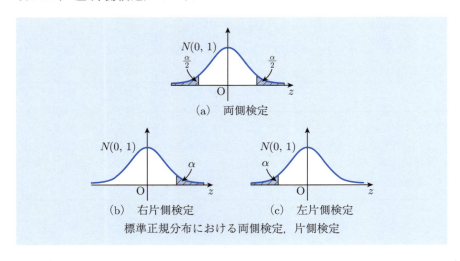

標準正規分布における両側検定,片側検定

5.2 統計的検定

例題 5.6 ある高等学校の 2 年生の学生の 100 m 走のタイム（単位は秒）は正規分布 $N(15.3, 1.5^2)$ にしたがっているとする．半年の 100 m 走の特別訓練を施したところ，100 m 走のタイムが向上したように思われた．そのため 25 人の学生を無作為に選び，100 m 走のタイムを測定したところ，その平均値は 14.7 秒になっていた．100 m 走の 2 年生のタイムの平均値は良くなったといえるか，有意水準 5% で検定せよ．ただし分布は正規分布のままで変わらず，その分散もほとんど変化していないとする．

解 この学校の 2 年生の 100 m 走のタイムの平均値を μ 秒とおく．帰無仮説 H_0 と対立仮説 H_1 を

$$H_0 : \mu = 15.3, \quad H_1 : \mu < 15.3$$

とおく．H_0 のもとで標本の大きさは 25 であるから，標本平均 $\overline{X}$ は正規分布 $N(15.3, 0.3^2)$ にしたがう．検定統計量として $Z = \dfrac{\overline{X} - 15.3}{0.3}$ をとると Z は標準正規分布 $N(0, 1)$ にしたがう．有意水準 5% の左片側検定なので，棄却域は

$$z \leqq -z(0.05) = -1.645$$

である．Z の実現値 z は

$$z = \dfrac{14.7 - 15.3}{0.3} = -2.0$$

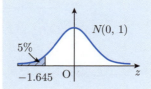

であるから，帰無仮説 H_0 は棄却される．有意水準 5% でこの学年の 100 m 走の 2 年生のタイムの平均値は良くなったといえる．■

Let's TRY

問 5.7 ある高校では新 1 年生に対して毎年同じテストを行っている．昨年度の 1 年生の成績は平均 63.6 点，分散 25 の正規分布にしたがっていた．今年の 1 年生にも無作為に 16 人を抽出して同じテストを行ったところ，平均点が 66.1 点であった．今年の 1 年生の成績は昨年度より良くなったか，有意水準 5% で検定せよ．また有意水準 1% ではどうか．ただし今年度のテストの成績も昨年度と同じ分散が 25 の正規分布にしたがっているものとする．

母平均の検定（母分散が未知のとき）

正規母集団 $N(\mu, \sigma^2)$ において母分散 σ^2 が未知であるとする．この母集団から抽出した大きさ n の無作為標本の標本平均を $\overline{X}$, 不偏分散を U^2, 標本分散を S^2 とすると

$$T = \frac{\overline{X} - \mu}{\frac{U}{\sqrt{n}}} = \frac{\overline{X} - \mu}{\frac{S}{\sqrt{n-1}}}$$

は自由度 $n-1$ の t 分布にしたがう．

例えば，μ_0 を定数とし，母平均 μ に関する検定をしたいとする．帰無仮説 $H_0 : \mu = \mu_0$ に対して対立仮説 $H_1 : \mu \neq \mu_0$ とするとき，検定統計量 T の棄却域は有意水準を $100\alpha\%$ とすれば

$$|T| \geq t_{n-1}(\alpha) \quad \text{（両側検定）}$$

とすればよい．t 分布を利用する検定を **t 検定**という．

例題 5.7 ある日に製造された大量の製品から 10 個を無作為に抽出して重さ（単位は [g]）を量った結果，次のようになった．

| 38 | 43 | 39 | 42 | 43 | 41 | 44 | 41 | 40 | 38 |

規定値は 40 g であるが，この日に生産した製品の平均重量は規定値になっているか，有意水準 5% で検定せよ．ただし製品の重量の分布は正規分布にしたがっていると仮定する．

解 この日に生産した製品の平均重量を μ とおき，帰無仮説 H_0 と対立仮説 H_1 を

$$H_0 : \mu = 40, \quad H_1 : \mu \neq 40$$

とおく．製品の重量を X とおき，標本平均を $\overline{X}$, 標本分散を S^2 とおく．仮説 H_0 のもと，検定統計量を

$$T = \frac{\overline{X} - 40}{\frac{S}{\sqrt{9}}}$$

とおくと T は自由度 9 の t 分布にしたがう．有意水準 5% の両側検定だから，棄却域は

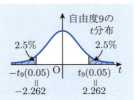

5.2 統計的検定　95

$$|T| \geqq t_9(0.05) = 2.262$$

である．標本平均の実現値を $\bar{x}$，標本分散の実現値を s^2 とすると $\bar{x} = 40.9$，$s^2 = 4.09$ であるから，検定統計量の実現値 t は

$$t = \frac{40.9 - 40}{\frac{\sqrt{4.09}}{3}} = 1.335$$

となり，t は棄却域に入らない．よって H_0 は棄却できない．以上より，この日，製造した製品の重量の平均値は規定値からはずれているといえない．　∎

───────────────────────────── *Let's TRY* ─────

問 5.8　あるパン工場のある特定のパン製品の内容量（単位は [g]）が最近増えたといううわさが流れた．これまでのその製品の内容量の平均値は 79 g であった．そこでその製品を 10 個購入し，内容量を測定したところ，次のようになった．

80	81	79	83	80	78	80	81	79	82

この工場のこの製品の内容量の分布は正規分布であると考えて差し支えないことがわかっている．この製品の中身は増えたといえるか．有意水準 5% で検定せよ．

───

　母分散 σ が未知で母集団分布が正規分布であるか分からないときでも，標本の大きさ n が十分大きければ，中心極限定理により標本平均 $\overline{X}$ は正規分布にしたがうとしてよい．この場合は母分散として標本の不偏分散の実現値 u を代用する．すなわち，検定統計量

$$Z = \frac{\overline{X} - \mu}{\frac{u}{\sqrt{n}}}$$

は標準正規分布 $N(0,1)$ にしたがうと考えて検定することができる．

───────────────────────────── *Let's TRY* ─────

問 5.9　必ずしも正規とは限らない母集団から大きさ 100 の標本を無作為抽出したところ，その標本平均が 37.3，標本分散が 8.91 であった．母平均は 38 より小さいか，有意水準 5% で検定せよ．ただし標本数が大きいので中心極限定理を適用することができるものとする．

───

母比率の検定 二項母集団の母比率 p が未知であるとする．p_0 を定数として帰無仮説を $H_0 : p = p_0$ と設定する．この二項母集団から大きさ n の標本をとると，n が十分に大きいとき，標本比率を $\widehat{P}$ とすると

$$Z = \frac{\widehat{P} - p_0}{\sqrt{\frac{p_0(1-p_0)}{n}}}$$

は近似的に標準正規分布 $N(0,1)$ にしたがう．これを用いた検定を**母比率の検定**という．

例題 5.8 ある市議会議員は彼の提案する重要法案について「市民の 4 分の 3 以上はこの法案に賛成している」と豪語している．賛成する市民が 4 分の 3 より少なく思われたためランダムに 600 人を選び，この法案への賛否を尋ねたところ，420 人が賛成であると答えた．この市議会議員の主張は正しいといえるか，有意水準 5% で検定せよ．

解 市民のこの法案に対する賛成率を p とし，帰無仮説 H_0 と対立仮説 H_1 を

$$H_0 : p = \frac{3}{4} = 0.75, \quad H_1 : p < \frac{3}{4} = 0.75$$

とおく．標本の大きさは 600 と十分大きいので，標本比率を $\widehat{P}$ とおくと仮説 H_0 のもと，検定統計量

$$Z = \frac{\widehat{P} - 0.75}{\sqrt{\frac{0.75 \times (1-0.75)}{600}}} = 40\sqrt{2}(\widehat{P} - 0.75)$$

は標準正規分布 $N(0,1)$ にしたがう．有意水準を 5% とすると，棄却域は

$$Z < -z(0.05) = -1.645$$

となる．標本比率 $\widehat{P}$ の実現値を $\widehat{p}$ とすると $\widehat{p} = \frac{420}{600} = 0.7$ であるから，Z の実現値 z は

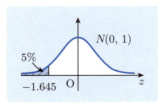

$$z = 40\sqrt{2} \times (0.7 - 0.75) = -2.828$$

となり，有意水準 5% では H_0 は棄却される．すなわち，この市議会議員の主張は正しくないといえる． ∎

5.2 統計的検定

— *Let's TRY* —

問 5.10 さいころを 1200 回振って 1 の目が出る回数を調べたら，209 回であった．このさいころの 1 の目が出る確率を $\dfrac{1}{6}$ としてよいか，有意水準 5% で検定せよ．

母分散の検定　正規母集団 $N(\mu, \sigma^2)$ について母平均 μ もわからないとき，大きさ n の無作為標本を抽出し，母集団の分散 σ^2 を検定しよう．帰無仮説を $H_0 : \sigma^2 = \sigma_0^2$ とする．標本分散を S^2 とすると **4.10** より $\chi^2 = \dfrac{nS^2}{\sigma_0^2}$ は自由度 $n-1$ の χ^2 分布にしたがう．有意水準を $100\,\alpha\,\%$ とすると，対立仮説が $H_1 : \sigma^2 \neq \sigma_0^2$ のときは検定統計量 χ^2 の棄却域を

$$\chi^2 \leqq \chi_{n-1}^2 \left(1 - \frac{\alpha}{2}\right), \quad \chi_{n-1}^2 \left(\frac{\alpha}{2}\right) \leqq \chi^2$$

とすればよい（両側検定）．また，対立仮説が $H_1 : \sigma^2 > \sigma_0^2$ のときは $\chi^2 = \dfrac{nS^2}{\sigma_0^2}$ の値は本当の値 $\dfrac{nS^2}{\sigma^2}$ より大きくなると考えられるので検定統計量 χ^2 の棄却域を

$$\chi^2 \geqq \chi_{n-1}^2(\alpha) \quad \text{（右片側検定）}$$

とする．逆に対立仮説が $H_1 : \sigma^2 < \sigma_0^2$ のときは検定統計量 χ^2 の棄却域を

$$\chi^2 \leqq \chi_{n-1}^2(1 - \alpha) \quad \text{（左片側検定）}$$

とする．

例題 5.9　ある工場で作られるある部品の大きさの分布は正規分布になるように作られている．最近，この部品の大きさのばらつきが大きくなっているという報告が上がってきたのでこの部品 10 個を無作為抽出して大きさ（単位は [mm]）を測定した結果，次のようになった．

11.8	12.1	12.0	11.9	12.3	12.1	11.9	12.2	12.1	12.0

これまでの分散の規定値は 0.010 [mm^2] であるが，現在生産されている部品の大きさの分散は規定値より大きくなっているといえるか，有意水準 5% で検定せよ．

解 この工場の最近の部品の大きさの分散を σ^2 とおき，帰無仮説 H_0 と対立仮説 H_1 を

$$H_0 : \sigma^2 = 0.010, \quad H_1 : \sigma^2 > 0.010$$

とおく．部品の大きさを X とおき，標本平均を $\overline{X}$，標本分散を S^2 とおく．仮説 H_0 のもと，検定統計量

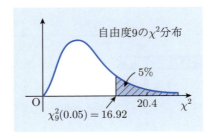

$$\chi^2 = \frac{10 S^2}{0.010}$$

は自由度 9 の χ^2 分布にしたがう．有意水準 5% の右片側検定だから，棄却域は

$$\chi^2 \geqq \chi_9^2(0.05) = 16.92$$

となる．標本データ x に対して $x = y + 12.0$ とおき，x の分散を s_x^2，y の分散を s_y^2 とすると

$$s_x^2 = s_y^2 = \overline{y^2} - \overline{y}^2 = 0.022 - 0.04^2 = 0.0204$$

となり，χ^2 の実現値は

$$\chi^2 = \frac{10 \times 0.0204}{0.010} = 20.4$$

である．よって χ^2 は棄却域に入る．H_0 は棄却される．以上より，最近のこの部品の大きさの分散（ばらつき）は規定値より大きくなっていると考えてよい．■

Let's TRY

問 5.11 ある硬貨を作る政府の工場で機械を新しいものに入れ替えた．この新しい機械で生産された硬貨を 20 枚取り出し，銅の含有率を測定したところ，銅含有率の標本標準偏差は 0.013 であった．これまでの硬貨の銅含有率の標準偏差は 0.015 であった．新しい機械を入れたことによって銅含有率の分散は小さくなったといえるか，有意水準 5% で検定せよ．ただし，銅含有率の分布は正規分布にしたがっているものとする．

5.3　適合度の検定と独立性の検定　　**99**

5.3　適合度の検定と独立性の検定

　この節では観測値の分布がある法則や条件に適しているかどうかを調べる適合度の検定と母集団のもつ2種類の特性が互いに独立であるかどうかを検証する独立性の検定について学ぶ.

適合度の検定　　観測されたデータを k 種類に分類して, データがある特定の母集団分布からとられたものとみなしてよいかどうかを検定することを**適合度の検定**という. 母集団が共通部分のない k 個のクラス $C_1, C_2, \ldots, C_k$ に分割されており, クラス C_i に属する確率（母比率）$P(C_i)$ が理論的に p_i であるとする（$p_1 + p_2 + \cdots + p_k = 1$）. 大きさ n の標本を無作為に選び, その中でクラス C_i に入る標本の個数を N_i とする（$N_1 + N_2 + \cdots + N_k = n$）. n 個の標本のうち, クラス C_i に属する理論的な個数は np_i である. N_i を**観測度数**, np_i を**期待度数**という. このとき, 次が成り立つことが知られている.

> **5.6**　　[定理] 観測度数と期待度数による検定統計量
>
> 　n が十分大きいとき
>
> $$\chi^2 = \sum_{i=1}^{k} \frac{(観測度数 - 期待度数)^2}{期待度数} = \sum_{i=1}^{k} \frac{(N_i - np_i)^2}{np_i}$$
>
> は近似的に自由度 $k-1$ の χ^2 分布にしたがう.

　ここで標準の大きさ n はすべてのクラスについて $np_i \geqq 5$ を満たすように定めるのが普通である. 期待度数が5より小さいクラスがある場合, 検定の信頼性が下がるので隣接のクラスと合併して期待度数が5以上になるようにする. これを用いて帰無仮説 H_0:「すべての i について $P(C_i) = p_i$」を検定することができる. 対立仮説は H_1:「ある i について $P(C_i) \neq p_i$」である. 観測度数と期待度数の違いが大きければ, χ^2 は大きくなるので, 右片側検定を用いる. 次のような表を作成すると便利である.

100 第5章 推定と検定

クラス	C_1	C_2	$\cdots$	C_k	計
観測度数	N_1	N_2	$\cdots$	N_k	n
母比率	p_1	p_2	$\cdots$	p_k	1
期待度数	np_1	np_2	$\cdots$	np_k	n

例題 5.10

さいころを 90 回振ったところ，出た目の回数は次のようになった．

目	1	2	3	4	5	6	計
出た回数	10	18	11	13	20	18	90

このさいころは正常といえるか，有意水準 5% で検定せよ．ただし，さいころが正常であるとは，どの目の出る確率も $\dfrac{1}{6}$ であることとする．

解 帰無仮説 H_0 と対立仮説 H_1 を

$$H_0：「さいころは正常」，\quad H_1：「さいころは正常でない」$$

とする．帰無仮説 H_0 のもとで，検定統計量

$$\chi^2 = \sum \frac{(観測度数 - 期待度数)^2}{期待度数}$$

は自由度 $6-1=5$ の χ^2 分布にしたがう．さいころが正常でないと χ^2 は大きくなるので右片側検定を用いる．有意水準 5% での棄却域は

$$\chi^2 \geqq \chi_5^2(0.05) = 11.07$$

である．期待度数はどれも $90 \div 6 = 15$ となるから，この問題における観測度数と期待度数は以下のようになる．

目	1	2	3	4	5	6	計
観測度数	10	18	11	13	20	18	90
期待度数	15	15	15	15	15	15	90

この表より χ^2 の実現値は

5.3 適合度の検定と独立性の検定

$$\chi^2 = \frac{(10-15)^2}{15} + \frac{(18-15)^2}{15} + \frac{(11-15)^2}{15}$$

$$+ \frac{(13-15)^2}{15} + \frac{(20-15)^2}{15} + \frac{(18-15)^2}{15} = \frac{88}{15} \fallingdotseq 5.867$$

となり，棄却域にはいらないので，H_0 を棄てることができない．よって有意水準 5% では正常でないとはいえない． ∎

Let's TRY

問 **5.12** モルモットの交配の実験で 400 体の黒色短毛，黒色長毛，茶色短毛，茶色長毛の個体を得た．その個体数は以下の表のようになった．メンデルの法則によるとこの個体数の比率は順に 9:3:3:1 になるべきものである．この実験でこの法則は成立しているといえるか？ 有意水準 5% で検定せよ．

種　類	黒色短毛	黒色長毛	茶色短毛	茶色長毛	計
個体数	216	81	68	35	400

独立性の検定　母集団が 2 つの属性 A, B をもち，A については $A_1, A_2, \ldots, A_k$ の k 個のクラスに，B については $B_1, B_2, \ldots, B_l$ の l 個のクラスにわかれているとする．この母集団から n 個の標本をとり，$A_i \cap B_j$ に属する度数を N_{ij} とする．$\displaystyle\sum_{j=1}^{l} N_{ij} = M_i, \sum_{i=1}^{k} N_{ij} = N_j$ とおく．A と B が互いに独立ならば，$A_i \cap B_j$ に属すると期待される度数は

$$n\frac{M_i}{n}\frac{N_j}{n} = \frac{M_i N_j}{n}$$

である．このとき

$$\chi^2 = \sum \frac{(観測度数 - 期待度数)^2}{期待度数} = \sum_{i=1}^{k}\sum_{j=1}^{l} \frac{(N_{ij} - \frac{M_i N_j}{n})^2}{\frac{M_i N_j}{n}}$$

は近似的に自由度 $(k-1)(l-1)$ の χ^2 分布に従うことが知られている．これを用いて帰無仮説 H_0：「A と B は互いに独立」を検定することができる．対立仮説は H_1：「A と B は互いに独立でない」であり，右片側検定を用いる．

102　　　　　　　　　　第 5 章　推定と検定

次のような観測度数の表を**分割表**という．これに対応して，期待度数の表を作成し，χ^2 検定量を計算するとよい．

$\diagdown$ Y X $\diagdown$	B_1	B_2	$\cdots$	B_l	計
A_1	N_{11}	N_{12}	$\cdots$	N_{1l}	M_1
A_2	N_{21}	N_{22}	$\cdots$	N_{2l}	M_2
$\vdots$	$\vdots$	$\vdots$	$\ddots$	$\vdots$	$\vdots$
A_k	N_{k1}	N_{k2}	$\cdots$	N_{kl}	M_k
計	N_1	N_2	$\cdots$	N_l	n

例題 5.11　ある製薬会社の実験段階の血圧を下げる薬の効果が血液型と関連があるのか，1000 人の被験者に薬を飲んでもらったところ次のようになった．

血液型	A	B	O	AB	計
血圧降下有	219	140	253	148	760
血圧降下無	81	60	47	52	240
計	300	200	300	200	1000

この薬の効き目と血液型は関係があるといえるか．有意水準 5% で検定せよ．

- -

解　帰無仮説 H_0 と対立仮説 H_1 を

　　H_0：「薬の効果と血液型は関係がない」，　H_1：「関係がある」

とする．帰無仮説 H_0 のもとで，検定統計量

$$\chi^2 = \sum \frac{(観測度数 - 期待度数)^2}{期待度数}$$

は自由度

$$(2-1)(4-1) = 3$$

の χ^2 分布にしたがう．右片側検定を用いる．有意水準 5% での棄却域は

$$\chi^2 \geqq \chi_3^2(0.05) = 7.815$$

5.3 適合度の検定と独立性の検定

である．H_0 のもとで期待度数は次のように計算される．

$$(\text{A 型で血圧降下有の期待度数}) = 300 \times \frac{760}{1000} = 228$$

$$(\text{A 型で血圧降下無の期待度数}) = 300 \times \frac{240}{1000} = 72$$

$$(\text{B 型で血圧降下有の期待度数}) = 200 \times \frac{760}{1000} = 152$$

$$\cdots$$

期待度数をまとめると次の表のようになる．

血液型	A	B	O	AB	計
血圧降下有	228	152	228	152	760
血圧降下無	72	48	72	48	240
計	300	200	300	200	1000

この表と観測度数の表より χ^2 の実現値は

$$\chi^2 = \frac{(219-228)^2}{228} + \frac{(140-152)^2}{152} + \cdots + \frac{(47-72)^2}{72} + \frac{(52-48)^2}{48}$$
$$= 17.288$$

となり，帰無仮説は棄却される．よって有意水準 5% で薬の効き方と血液型は関係があるといえる． ■

Let's TRY

問 5.13 ある都市の A 議員を支持しているかどうか，200 人の有権者に調査した．

	支持	不支持	計
男性	52	68	120
女性	43	37	80
計	95	105	200

A 議員への支持は性別に無関係といえるかどうか，有意水準 5% で検定せよ．

区間推定のまとめ

信頼度 $100(1-\alpha)\%$ の信頼区間は以下で与えられる．（注：$\frac{u}{\sqrt{n}} = \frac{s}{\sqrt{n-1}}$）

母平均	母分散が既知：$\overline{x} - z\left(\dfrac{\alpha}{2}\right)\dfrac{\sigma}{\sqrt{n}} \leqq \mu \leqq \overline{x} + z\left(\dfrac{\alpha}{2}\right)\dfrac{\sigma}{\sqrt{n}}$
	母分散が未知：$\overline{x} - t_{n-1}(\alpha)\dfrac{u}{\sqrt{n}} \leqq \mu \leqq \overline{x} + t_{n-1}(\alpha)\dfrac{u}{\sqrt{n}}$
母比率	$\widehat{p} - z\left(\dfrac{\alpha}{2}\right)\sqrt{\dfrac{\widehat{p}(1-\widehat{p})}{n}} \leqq p \leqq \widehat{p} + z\left(\dfrac{\alpha}{2}\right)\sqrt{\dfrac{\widehat{p}(1-\widehat{p})}{n}}$
母分散	$\dfrac{ns^2}{\chi^2_{n-1}\left(\frac{\alpha}{2}\right)} \leqq \sigma^2 \leqq \dfrac{ns^2}{\chi^2_{n-1}\left(1-\frac{\alpha}{2}\right)}$

検定の手順

① 帰無仮説 H_0 と対立仮説 H_1 を設定する．
② 帰無仮説 H_0 が正しいとして検定統計量を定める．
③ 有意水準と対立仮説 H_1 に応じて棄却域を設定する．
④ 実現値を計算し，棄却域に入るかどうか確認する．
⑤ 実現値が棄却域に入れば帰無仮説 H_0 を棄却する．
  棄却域に入らなければ H_0 を棄却しない．

検定統計量と棄却域

有意水準を $100\,\alpha\%$ とする．両側検定の場合のみ記す．（注：$\frac{U}{\sqrt{n}} = \frac{S}{\sqrt{n-1}}$）

	検定統計量	棄却域
母平均	母分散が既知：$Z = \dfrac{\overline{X} - \mu_0}{\frac{\sigma}{\sqrt{n}}}$	$\|Z\| \geqq z\left(\dfrac{\alpha}{2}\right)$
	母分散が未知：$T = \dfrac{\overline{X} - \mu_0}{\frac{U}{\sqrt{n}}}$	$\|T\| \geqq t_{n-1}(\alpha)$
母比率	$Z = \dfrac{\widehat{P} - p_0}{\sqrt{\frac{p_0(1-p_0)}{n}}}$	$\|Z\| \geqq z\left(\dfrac{\alpha}{2}\right)$
母分散	$\chi^2 = \dfrac{nS^2}{\sigma_0^2}$	$\chi^2 \leqq \chi^2_{n-1}\left(1 - \dfrac{\alpha}{2}\right), \quad \chi^2_{n-1}\left(\dfrac{\alpha}{2}\right) \leqq \chi^2$

第 5 章 演習問題 A

1 正規母集団 $N(\mu, \sigma^2)$ から大きさ 15 の標本を抽出したところ，標本平均 $\bar{x}$ は 20.3 であった．母分散 σ^2 は 3.1 であることがわかっている．母平均 μ の 95% 信頼区間を求めよ．

2 ある養鶏場から卵 6 個を無作為に抽出し，卵の重さ（単位は [g]）を計測したら，次のようになった．

$$62 \quad 65 \quad 60 \quad 58 \quad 61 \quad 64$$

卵の重さの分布は正規分布にしたがうと考えて，卵の重さに関する次の問いに答えよ．
(1) 標本平均 $\bar{x}$ を求めよ．
(2) 標本分散 s^2 を求めよ．
(3) 母平均 μ の 95% 信頼区間を求めよ．
(4) 母分散 σ^2 の 95% 信頼区間を求めよ．

3 硬貨を 100 回投げて表が 60 回出た．この硬貨の表が出る確率（母比率）p の 95% 信頼区間を求めよ．

4 母分散 σ^2 が 2.5 である正規母集団 $N(\mu, \sigma^2)$ から，大きさ 10 の無作為標本を取り出し，その標本平均 $\bar{x}$ を調べたら 1.76 であった．母平均 μ は 1.03 といってよいか，有意水準 5% で検定せよ．

5 ある工場で作っているドライバーの重さの分布は正規分布にしたがっており，その分散は 2.1 [g^2] であった．その製造工程を改善した後，51 本のドライバーを無作為に取り出して，その重さを量ったところ，重さの平均は 158.2 [g] であり，その標本分散が 1.3 [g^2] となった．母集団の分散が小さくなったといえるか，有意水準 5% で検定せよ．

6 1 枚の硬貨を 100 回投げる実験をしたところ，表が 42 回現れた．この硬貨を投げて表が出る確率は 0.5 であるといってよいか．有意水準 5% で検定せよ．

106　　第5章　推定と検定

第5章　演習問題 B

7 X_1, X_2, X_3 は母平均 μ，母分散 σ^2 の同じ母集団から無作為に抽出した標本とする．$Y = a_1X_1 + a_2X_2 + a_3X_3$ が母平均の不偏推定量であるとする．a_1, a_2, a_3 は定数で $\mu \neq 0$ であるとき，次の問いに答えよ．

(1)　a_1, a_2, a_3 の間に成り立つ等式を求めよ．

(2)　Y の分散が最小となるように定数 a_1, a_2, a_3 の値を定めよ．ただし，シュワルツの不等式 $(a^2 + b^2 + c^2)(x^2 + y^2 + z^2) \geqq (ax + by + cz)^2$ を用いてよい．（等号成立は $x = at$, $y = bt$, $z = ct$ を満たす実数 t が存在するときに限る．）

8 1, 2, 3, 4, 5 の 5 つの数字がランダムに出ると設計されている電子さいころがある．これを 200 回作動させて出た目（X とする）の回数を調べたら以下の表のようになった．この電子さいころは正常かどうか，有意水準 5% で検定せよ．

X	1	2	3	4	5	計
出現回数	38	44	32	48	38	200

9 麺類の好みが年代に無関係かどうか，調べるために 20 代と 30 代と 40 代の人たちにうどんとそばとラーメンのうちから，最も好きなものを選んでもらった．その結果が，次の表である．

	うどん	そば	ラーメン	計
20 代	32	25	48	105
30 代	40	20	60	120
40 代	28	25	22	75
計	100	70	130	300

麺類の好みは年代に無関係といえるかどうか，有意水準 5% で検定せよ．また，有意水準 1% ではどうか検定せよ．

10 4 枚の硬貨を一度に投げて表の枚数を記録する．この試行を 320 回行ったところ，以下の表のようになった．この 4 枚の硬貨は（裏表が同じ確率で出る）正常な硬貨であるかどうか，有意水準 5% で検定せよ．

表の枚数	0	1	2	3	4	計
回数	14	88	132	68	18	320

A 補章

この章では，本文の理解に役立つ発展事項をとりあげる．

A.1 ポアソン分布の導出

3.1 節のポアソン分布 $Po(\lambda)$ は二項分布 $B(n, p)$ において $np = \lambda$ を一定に保ったまま n を十分大きくした（したがって p を十分小さくした）極限として得られる確率分布である．つまり，次の定理が成り立つ．

A.1 ［定理］二項分布とポアソン分布

正の実数 λ と正の整数 n に対して $np = \lambda$ で p を定める．X_n を二項分布 $B(n, p)$ にしたがう確率変数とする．k を 0 以上の整数とするとき，

$$\lim_{n \to \infty} P(X_n = k) = \lim_{n \to \infty} {}_n\mathrm{C}_k p^k (1-p)^{n-k} = \frac{\lambda^k}{k!} e^{-\lambda}$$

が成り立つ．

証明

$$
{}_n\mathrm{C}_k p^k (1-p)^{n-k} = \frac{n(n-1)(n-2)\cdots(n-k+1)}{k!} p^k (1-p)^{n-k}
$$

$$
= \frac{\lambda(\lambda - p)(\lambda - 2p)\cdots(\lambda - (k-1)p)}{k!} \cdot \left(1 - \frac{\lambda}{n}\right)^{-k} \cdot \left(1 - \frac{\lambda}{n}\right)^n
$$

ここで $-\dfrac{\lambda}{n} = h$ とおくと $n \to \infty$ のとき，$h \to -0$ となるから

$$
\lim_{n \to \infty} \left(1 - \frac{\lambda}{n}\right)^n = \lim_{n \to \infty} \left\{ \left(1 - \frac{\lambda}{n}\right)^{-\frac{n}{\lambda}} \right\}^{-\lambda} = \lim_{h \to -0} \left\{ (1+h)^{\frac{1}{h}} \right\}^{-\lambda} = e^{-\lambda}
$$

となり，$p \to 0$ となることから $\displaystyle \lim_{n \to \infty} P(X_n = k) = \frac{\lambda^k}{k!} e^{-\lambda}$ ∎

A.2　χ^2 分布および t 分布の確率密度関数

χ^2 分布と t 分布の確率密度関数は実際の場面においてはあまり使われないかもしれないが，理論的には重要である.

自由度 n の χ^2 分布　自由度 n の χ^2 分布（4.3 節）の確率密度関数は

$$f(x) = \begin{cases} \dfrac{1}{2^{\frac{n}{2}}\, \Gamma\!\left(\frac{n}{2}\right)} x^{\frac{n}{2}-1} e^{-\frac{x}{2}} & (x > 0 \text{ のとき}) \\ 0 & (x \leqq 0 \text{ のとき}) \end{cases}$$

である．この式の中に現れる $\Gamma(s)$ は**ガンマ関数**とよばれ，定積分

$$\Gamma(s) = \int_0^\infty x^{s-1} e^{-x}\, dx \quad (s > 0)$$

で定義される．次の性質が成り立つ（ただし，n は正の整数）.

$$\Gamma(s+1) = s\Gamma(s), \quad \Gamma(1) = 1, \quad \Gamma\!\left(\frac{1}{2}\right) = \sqrt{\pi}, \quad \Gamma(n+1) = n!$$

自由度 n の t 分布　自由度 n の t 分布（4.3 節）の確率密度関数は

$$f(x) = \frac{1}{\sqrt{n}\, B\!\left(\frac{1}{2}, \frac{n}{2}\right)} \left(1 + \frac{x^2}{n}\right)^{-\frac{n+1}{2}} = \frac{\Gamma\!\left(\frac{n+1}{2}\right)}{\sqrt{\pi n}\, \Gamma\!\left(\frac{n}{2}\right)} \left(1 + \frac{x^2}{n}\right)^{-\frac{n+1}{2}}$$

である．ここで，$B(p, q)$ は，定積分

$$B(p, q) = \int_0^1 x^{p-1}(1-x)^{q-1}\, dx \quad (p > 0,\ q > 0)$$

で定義される**ベータ関数**である．次の性質が成り立つ.

$$B(p, q) = \frac{\Gamma(p)\Gamma(q)}{\Gamma(p+q)}$$

$$B(p, q) = 2\int_0^{\frac{\pi}{2}} \cos^{2p-1}\theta \, \sin^{2q-1}\theta \, d\theta$$

A.3　F 分布

この節では，等分散の検定に用いられる F 分布について学ぶ．

自由度 (m, n) の F 分布　m, n を正の整数とする．X, Y が互いに独立な確率変数でそれぞれ，自由度 m，自由度 n の χ^2 分布にしたがうとき，$Z = \dfrac{X}{m} \Big/ \dfrac{Y}{n}$ のしたがう分布を**自由度 (m, n) の F 分布**といい，$F(m, n)$ で表す．自由度 (m, n) の F 分布の確率密度関数は

$$f(x) = \begin{cases} \dfrac{m^{\frac{m}{2}} n^{\frac{n}{2}}}{B\left(\frac{m}{2}, \frac{n}{2}\right)} \dfrac{x^{\frac{m}{2}-1}}{(mx+n)^{\frac{m+n}{2}}} & (x > 0 \text{ のとき}) \\ 0 & (x \leqq 0 \text{ のとき}) \end{cases}$$

となる．F 分布の確率密度関数のグラフは次の図のように $x > 0$ で正の値をとる曲線であり，(m, n) の組合せで形状が変化する．

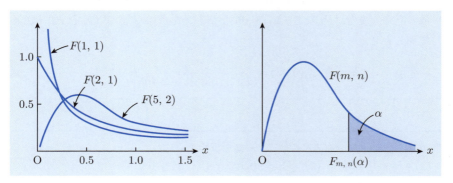

確率変数 Z が自由度 (m, n) の F 分布 $F(m, n)$ にしたがうとき，$\alpha\,(0 < \alpha < 1)$ に対して

$$P(Z \geqq k) = \alpha$$

となる k の値を $F_{m,n}(\alpha)$ とかき，F 分布の**上側 α 点**，または，**上側 100α % 点**という．したがって $P(Z \geqq F_{m,n}(\alpha)) = \alpha$ が成り立つ．巻末の F 分布の表は検定においてよく用いられる確率の値 $\alpha = 0.05$ と $\alpha = 0.025$ の場合に $F_{m,n}(\alpha)$ の近似値をまとめたものである．

X, Y をそれぞれ自由度 m, n の χ^2 分布にしたがう互いに独立な確率変数とすると，定義より $Z = \dfrac{X}{m} \Big/ \dfrac{Y}{n}$ は自由度 (m, n) の F 分布にしたがい，その逆数

$\frac{1}{Z} = \frac{Y}{n} \Big/ \frac{X}{m}$ は自由度 (n, m) の F 分布にしたがう. よって

$$P\left(Z \geqq \frac{1}{F_{n,m}(1-\alpha)}\right) = P\left(\frac{1}{Z} \leqq F_{n,m}(1-\alpha)\right)$$

$$= 1 - P\left(\frac{1}{Z} \geqq F_{n,m}(1-\alpha)\right) = 1 - (1-\alpha) = \alpha$$

が成り立つ. このことより, 次が成り立つ.

A.2 **[定理] F 分布の性質**

$$F_{m,n}(\alpha) = \frac{1}{F_{n,m}(1-\alpha)}$$

例 A.1 X が自由度 $(15, 6)$ の F 分布にしたがう確率変数とすると, 巻末の F 分布表から $F_{15,6}(0.05) = 3.94$ であるから, $P(X \geqq 3.94) = 0.05$ が成り立つ. また, $P(X \leqq k) = 0.05$ となる k を求めると, $P(X \geqq k) = 0.95$ であるから,

$$k = F_{15,6}(0.95) = \frac{1}{F_{6,15}(0.05)} = \frac{1}{2.79} = 0.358 \qquad \blacksquare$$

Let's TRY

問 A.1 巻末の F 分布表を用いて次の値を求めよ.

(1) $F_{10,4}(0.05)$ (2) $F_{8,6}(0.025)$ (3) $F_{8,4}(0.975)$

---

2 つの正規母集団 $N(\mu_A, \sigma_A^2)$, $N(\mu_B, \sigma_B^2)$ から, それぞれ, 大きさ n_A, n_B の無作為標本をとり, 標本分散を S_A^2, S_B^2, 不偏分散をそれぞれ U_A^2, U_B^2 とする. このとき, $\frac{n_A S_A^2}{\sigma_A^2}$ は自由度 $n_A - 1$ の χ^2 分布にしたがい, $\frac{n_B S_B^2}{\sigma_B^2}$ は自由度 $n_B - 1$ の χ^2 分布にしたがう. したがって,

$$\frac{n_A S_A^2}{(n_A - 1)\sigma_A^2} \Big/ \frac{n_B S_B^2}{(n_B - 1)\sigma_B^2} = \frac{U_A^2}{\sigma_A^2} \Big/ \frac{U_B^2}{\sigma_B^2}$$

は自由度 $(n_A - 1, n_B - 1)$ の F 分布にしたがう.

A.4 正規母集団の母平均の差の検定と等分散の検定　**111**

A.3　**[定理] F 分布にしたがう統計量**

　2 つの正規母集団 $N(\mu_A, \sigma_A^2)$, $N(\mu_B, \sigma_B^2)$ から，それぞれ，大きさ n_A, n_B の標本をとり，その不偏分散をそれぞれ U_A^2, U_B^2 とするとき，$\dfrac{U_A^2}{\sigma_A^2} \Big/ \dfrac{U_B^2}{\sigma_B^2}$ は自由度 $(n_A - 1,\, n_B - 1)$ の F 分布にしたがう．

――――――――――――――――――――――――――― *Let's TRY* ―――

問 **A.2**　分散が等しい 2 つの正規母集団からそれぞれ大きさ 10, 7 の無作為標本をとり，不偏分散を U_A^2, U_B^2 とするとき，次の式を満たす x, y の値を巻末の F 分布表を用いて求めよ．

$$P\left(\frac{U_A^2}{U_B^2} \geq x\right) = 0.05, \quad P\left(\frac{U_A^2}{U_B^2} \leq y\right) = 0.05$$

A.4　正規母集団の母平均の差の検定と等分散の検定

　2 社の競合製品の優劣や過去のデータと現在のデータの比較など 2 つの母集団のパラメータ（母数）の比較をする場面における統計的な仮説の検定について学習する．なお，以下では巻末の分布表を用いる前提で解説するが，実際の場面では表計算ソフト（Microsoft Excel など）を用いると便利である．Excel の使用例をサポートページに掲載するので参考にして欲しい．

　この節では 2 つの正規母集団の母平均の差の検定と分散の比（特に等分散）の検定について扱う．母平均の差の検定には，次の 4 つの場合によって手法が異なる．

　①母分散が既知のとき，

　②母分散が未知だが等分散とみなされるとき，

　③母分散が未知で等分散も期待できないとき，

　④対応のあるデータのとき

母分散が未知の場合には，2 つの母集団の母分散が等しいかどうか（等分散かどうか）を検定して，その結果によって②または③の手法をとる．以下，等分散の検定から解説する．

112 付録 A 補 章

等分散の検定 2つの正規母集団 $N(\mu_A, \sigma_A^2)$, $N(\mu_B, \sigma_B^2)$ から，それぞれ大きさ n_A, n_B の無作為標本をとり，その不偏分散を U_A^2, U_B^2 とする．この2つの母集団の分散が等しいとすると **A.3** より，$F = \dfrac{U_A^2}{U_B^2}$ は自由度 $(n_A - 1, n_B - 1)$ の F 分布にしたがう．このことを用いて2つの正規母集団の分散が等しいかどうかを検定することができる（**等分散の検定**）．

例題 A.1
（**等分散の検定**） 2つの正規母集団 A, B があり，A から抽出した大きさ 11 の無作為標本の不偏分散は 32 であり，B から抽出した大きさ 16 の無作為標本の不偏分散は 37 であるとする．A, B の母分散が等しいかどうか，有意水準 5% で検定せよ．

- -

解 A, B の母分散をそれぞれ σ_A^2, σ_B^2 とおき，標本の大きさを n_A, n_B，また，不偏分散をそれぞれを U_A^2, U_B^2 とおく．帰無仮説 H_0 と対立仮説 H_1 を次のように設定する．

$$H_0 : \sigma_A^2 = \sigma_B^2, \quad H_1 : \sigma_A^2 \neq \sigma_B^2$$

帰無仮説 H_0 のもとで，検定統計量 $F = \dfrac{U_A^2}{U_B^2}$ は自由度 $(n_A - 1, n_B - 1)$ の F 分布にしたがう．$n_A = 11$, $n_B = 16$, $u_A^2 = 32$, $u_B^2 = 37$ であるから，検定統計量 F の実現値は

$$f = \frac{32}{37} = 0.8649$$

である．両側検定と考えると，棄却域は

$$f \leqq F_{10,15}(0.975), \quad F_{10,15}(0.025) \leqq f$$

である．$F_{10,15}(0.975) = \dfrac{1}{F_{15,10}(0.025)}$ が成り立つことと F 分布の表を用いると棄却域は

$$f \leqq \frac{1}{3.52} = 0.284, \quad 3.06 \leqq f$$

$f = 0.8649$ は棄却域に入らないから，H_0 は棄却されない．

以上より，A, B の母分散が等しくないとはいえない． ∎

A.4 正規母集団の母平均の差の検定と等分散の検定 **113**

―――――――――――――――――――――― *Let's TRY* ―

問 **A.3** 2 つの正規母集団 A, B があり，A から抽出した大きさ 9 の無作為標本の不
偏分散は 28 とする．また，B から抽出した大きさ 6 の無作為標本の不偏分散は 13
とする．A, B の母分散が等しいかどうか，有意水準 5% で検定せよ．

以下，**母平均の差の検定**について解説する．2 つの正規母集団 $N(\mu_A, \sigma_A^2)$，
$N(\mu_B, \sigma_B^2)$ から，それぞれ大きさ n_A, n_B の無作為標本をとり，標本平均を
$\overline{X}_A$, $\overline{X}_B$，標本の不偏分散を U_A^2, U_B^2 とする．

母平均の差の検定（母分散が既知のとき）　母分散 σ_A^2, σ_B^2 は既知とする．$\overline{X}_A$
は正規分布 $N\left(\mu_A, \dfrac{\sigma_A^2}{n_A}\right)$ にしたがい，$\overline{X}_B$ は正規分布 $N\left(\mu_B, \dfrac{\sigma_B^2}{n_B}\right)$ にしたが
うから，正規分布の再生性 **4.6** より $\overline{X}_A - \overline{X}_B$ は

$$N\left(\mu_A - \mu_B, \frac{\sigma_A^2}{n_A} + \frac{\sigma_B^2}{n_B}\right)$$

にしたがう．帰無仮説 $H_0 : \mu_A = \mu_B$ のもとで

$$Z = \frac{(\overline{X}_A - \overline{X}_B) - (\mu_A - \mu_B)}{\sqrt{\dfrac{\sigma_A^2}{n_A} + \dfrac{\sigma_B^2}{n_B}}}$$

$$= \frac{\overline{X}_A - \overline{X}_B}{\sqrt{\dfrac{\sigma_A^2}{n_A} + \dfrac{\sigma_B^2}{n_B}}}$$

が標準正規分布 $N(0,1)$ にしたがうことを利用する．なお，n_A, n_B が十分大き
いとき，σ_A^2, σ_B^2 を不偏分散の実現値 u_A^2, u_B^2 におきかえてもよいことが知られ
ている．

114　　　付録 A　補章

例題 A.2	（**母平均の差の検定（母分散既知）**）　2 つの正規母集団 A, B があり，A から抽出した大きさ 10 の無作為標本の平均は 31.5 であり，B から抽出した大きさ 8 の無作為標本の平均は 34.7 であるとする．A の母分散が 21，B の母分散が 15 であるとき，A, B の母平均に差があるといえるか．有意水準 5% で検定せよ．

- -

解　A, B の母平均を μ_A, μ_B，母分散を σ_A^2, σ_B^2 とおく．帰無仮説 H_0 と対立仮説 H_1 を次のように設定する．

$$H_0 : \mu_A = \mu_B, \qquad H_1 : \mu_A \neq \mu_B$$

H_0 のもとで検定統計量 $Z = \dfrac{\overline{X_A} - \overline{X_B}}{\sqrt{\frac{\sigma_A^2}{n_A} + \frac{\sigma_B^2}{n_B}}}$ は $N(0,1)$ にしたがう．

$$\overline{x}_A = 31.5, \quad \overline{x}_B = 34.7, \quad \sigma_A^2 = 21, \quad \sigma_B^2 = 15, \quad n_A = 10, \quad n_B = 8$$

であるから，Z の実現値は

$$z = \frac{31.5 - 34.7}{\sqrt{\frac{21}{10} + \frac{15}{8}}} = -1.605$$

となるが，棄却域は $|z| \geq z(0.025) = 1.960$ であるから，H_0 は棄却できない．
以上より，A, B の母平均に差があるとはいえない．　■

―――――――――――――――――――――――――――――― *Let's TRY* ――――

問 A.4　2 つの正規母集団 A, B があり，A から抽出した大きさ 15 の無作為標本の平均は 87 であり，B から抽出した大きさ 10 の無作為標本の平均は 82 であるとする．A の母分散が 9，B の母分散が 6 であるとき，A, B の母平均に差があるといえるか．有意水準 5% で検定せよ．

問 A.5　ある地域の 2 つの中学校 A, B の 3 年生全員に英語の試験をした．A 校の生徒から無作為に選んだ 40 人の生徒の平均点は 68.4 であり，その標本標準偏差は 18 であった．また，B 校の生徒から無作為に選んだ 60 人の生徒の平均点は 72.2 でその標本標準偏差は 22 であった．A と B の 2 校の 3 年生の平均点に差があるといえるか否かを有意水準 5% で検定せよ．

A.4 正規母集団の母平均の差の検定と等分散の検定 **115**

母平均の差の検定（母分散が未知で等分散のとき）　母分散 σ_A^2, σ_B^2 は未知であるが，等しい（$\sigma_A^2 = \sigma_B^2$）とみなせる場合に母平均に差があるか検定する．

仮定により，$\sigma_A = \sigma_B = \sigma$ とおく．

$$\frac{n_A S_A^2}{\sigma^2} = \frac{(n_A - 1)U_A^2}{\sigma^2}$$

は自由度 $n_A - 1$ の χ^2 分布にしたがい，

$$\frac{n_B S_B^2}{\sigma^2} = \frac{(n_B - 1)U_B^2}{\sigma^2}$$

は自由度 $n_B - 1$ の χ^2 分布にしたがうから χ^2 分布の再生性により，

$$\frac{(n_A - 1)U_A^2 + (n_B - 1)U_B^2}{\sigma^2} \qquad \cdots ①$$

は自由度 $n_A + n_B - 2$ の χ^2 分布にしたがう．他方，

$$Z = \frac{(\overline{X}_A - \overline{X}_B) - (\mu_A - \mu_B)}{\sigma\sqrt{\dfrac{1}{n_A} + \dfrac{1}{n_B}}} \qquad \cdots ②$$

は $N(0, 1)$ にしたがう．

①と②は独立であることが知られており，t 分布の定義（p.76）から帰無仮説 $H_0 : \mu_A = \mu_B$ のもとで

$$T = \frac{(\overline{X}_A - \overline{X}_B) - (\mu_A - \mu_B)}{\sigma\sqrt{\dfrac{1}{n_A} + \dfrac{1}{n_B}}} \bigg/ \sqrt{\frac{(n_A - 1)U_A^2 + (n_B - 1)U_B^2}{\sigma^2(n_A + n_B - 2)}}$$

$$= \frac{\overline{X}_A - \overline{X}_B}{\sqrt{\left(\dfrac{1}{n_A} + \dfrac{1}{n_B}\right)\dfrac{(n_A - 1)U_A^2 + (n_B - 1)U_B^2}{n_A + n_B - 2}}}$$

は自由度 $n_A + n_B - 2$ の t 分布にしたがう．これを利用して母平均が等しいかどうかを検定する．

例題 A.3 （母平均の差の検定（母分散未知，等分散のとき）） 2 つの正規母集団 A, B があり，A から抽出した大きさ 8 の無作為標本の平均は 23，標本分散は 4 であるとする．また，B から抽出した大きさ 10 の無作為標本の平均は 19，標本分散は 5 であるとする．

(1) 2 つの母集団の分散が等しいか否かを有意水準 5% で検定せよ．

(2) 2 つの母集団の平均が等しいか否かを有意水準 5% で検定せよ．

- -

解 A, B の母平均を μ_A, μ_B，母分散を σ_A^2, σ_B^2 とおく．また，それぞれの標本の大きさを n_A, n_B，標本平均を $\overline{X}_A, \overline{X}_B$，標本の不偏分散を U_A^2, U_B^2 とおく．

(1) 帰無仮説 H_0 と対立仮説 H_1 を次のように設定する．

$$H_0 : \sigma_A^2 = \sigma_B^2, \quad H_1 : \sigma_A^2 \neq \sigma_B^2$$

帰無仮説 H_0 のもとで，検定統計量 $F = \dfrac{U_A^2}{U_B^2}$ は自由度 $(n_A - 1, \, n_B - 1)$ の F 分布にしたがう．$n_A = 8, \, n_B = 10$ であり，

$$u_A^2 = \frac{n_A s_A^2}{n_A - 1} = \frac{8 \cdot 4}{7} = \frac{32}{7}, \quad u_B^2 = \frac{n_B s_B^2}{n_B - 1} = \frac{10 \cdot 5}{9} = \frac{50}{9}$$

であるから，検定統計量 F の実現値は

$$f = \frac{8 \cdot 4}{7} \left/ \frac{10 \cdot 5}{9} \right. = \frac{32 \cdot 9}{7 \cdot 50} = 0.8229$$

である．両側検定と考える．棄却域は

$$f \leqq F_{7,9}(0.975), \quad F_{7,9}(0.025) \leqq f$$

である，$F_{7,9}(0.975) = \dfrac{1}{F_{9,7}(0.025)}$ が成り立つことに注意し，F 分布の表を用いると，棄却域は

$$f \leqq \frac{1}{4.82} = 0.207, \quad 4.20 \leqq f$$

$f = 0.8229$ は棄却域に入らないから，H_0 は棄却されない．すなわち，A, B の母分散が異なるとはいえない．

(2) (1) の結果より，母分散が異なるとまではいえないので，分散が等しいとして t 検定を用いる．帰無仮説 H_0 と対立仮説 H_1 を次のように設定する．

A.4 正規母集団の母平均の差の検定と等分散の検定 **117**

$$H_0 : \mu_A = \mu_B, \quad H_1 : \mu_A \neq \mu_B$$

帰無仮説 H_0 のもとで，検定統計量

$$T = \frac{\overline{X}_A - \overline{X}_B}{\sqrt{\left(\dfrac{1}{n_A} + \dfrac{1}{n_B}\right) \dfrac{(n_A - 1)U_A^2 + (n_B - 1)U_B^2}{n_A + n_B - 2}}}$$

は自由度 $n_A + n_B - 2$ の t 分布にしたがう.

$$n_A = 8, \quad n_B = 10, \quad \overline{x}_A = 23, \quad \overline{x}_B = 19,$$

$$(n_A - 1)u_A^2 = n_A s_A^2 = 8 \cdot 4 = 32, \quad (n_B - 1)u_B^2 = n_B s_B^2 = 10 \cdot 5 = 50$$

となるから，検定統計量 T の実現値は

$$t = \frac{23 - 19}{\sqrt{\left(\dfrac{1}{8} + \dfrac{1}{10}\right) \dfrac{32 + 50}{16}}} = \frac{4}{\sqrt{\dfrac{9}{40} \cdot \dfrac{82}{16}}} = 3.725$$

棄却域は $|t| \geq t_{16}(0.05) = 2.120$ であるから，H_0 は棄却される.

以上より，A, B の母平均に差があるといってよい. ■

母平均の差の検定（母分散が未知で等分散ともいえないとき） 2 つの正規母集団において母分散が未知であるが，等分散であるといえないときには次の定理を用いた**ウェルチの検定**が用いられる.

> **A.4 母平均の差に関する定理**
>
> 統計量
>
> $$T = \frac{(\overline{X}_A - \overline{X}_B) - (\mu_A - \mu_B)}{\sqrt{\dfrac{U_A^2}{n_A} + \dfrac{U_B^2}{n_B}}}$$
>
> は近似的に，自由度 ϕ の t 分布にしたがう. ただし，ϕ は，
>
> $$\left(\frac{u_A^2}{n_A} + \frac{u_B^2}{n_B}\right)^2 \Bigg/ \left\{ \frac{1}{n_A - 1}\left(\frac{u_A^2}{n_A}\right)^2 + \frac{1}{n_B - 1}\left(\frac{u_B^2}{n_B}\right)^2 \right\}$$
>
> に最も近い整数とする（u_A^2, u_B^2 は U_A^2, U_B^2 の実現値）.

118　　　　　　　　　　　　付録 A　補　章

例題 A.4　（母平均の差の検定（母分散未知，等分散でない，ウェルチの検定））

　2 つの正規母集団 A, B があり，A から抽出した大きさ 11 の無作為標本の平均は 19，標本分散は 40 であるとする．また，B から抽出した大きさ 7 の無作為標本の平均は 15，標本分散は 6 であるとする．

(1)　2 つの母集団の分散が等しいか否かを有意水準 5% で検定せよ．

(2)　2 つの母集団の平均が等しいか否かを有意水準 5% で検定せよ．

- -

解　A, B の母平均を μ_A, μ_B，母分散を σ_A^2, σ_B^2 とおく．また，それぞれの標本の大きさを n_A, n_B，標本平均を $\overline{X}_A, \overline{X}_B$，標本の不偏分散を U_A^2, U_B^2 とおく．

(1)　帰無仮説 H_0 と対立仮説 H_1 を次のように設定する．

$$H_0 : \sigma_A^2 = \sigma_B^2, \quad H_1 : \sigma_A^2 \neq \sigma_B^2$$

帰無仮説 H_0 のもとで，検定統計量 $F = \dfrac{U_A^2}{U_B^2}$ は自由度 $(n_A - 1, n_B - 1)$ の F 分布にしたがう．$n_A = 11, n_B = 7$ より，

$$u_A^2 = \frac{n_A s_A^2}{n_A - 1} = \frac{11 \cdot 40}{10} = 44$$

$$u_B^2 = \frac{n_B s_B^2}{n_B - 1} = \frac{7 \cdot 6}{6} = 7$$

となるから，検定統計量 F の実現値は

$$f = \frac{44}{7} = 6.286$$

である．両側検定と考える．棄却域は

$$f \leqq F_{10,6}(0.975), \quad F_{10,6}(0.025) \leqq f$$

である．$F_{10,6}(0.975) = \dfrac{1}{F_{6,10}(0.025)}$ が成り立つことに注意し，F 分布の表を用いると，棄却域は

$$f \leqq \frac{1}{4.07} = 0.246, \quad 5.46 \leqq f$$

$f = 6.286$ は棄却域に入るから，H_0 は棄却される．すなわち，A, B の母分散は等しくないといえる．

A.4　正規母集団の母平均の差の検定と等分散の検定　**119**

(2)　(1) の結果より，母分散が等しいとはいえないので，ウェルチの検定を用いる．帰無仮説 H_0 と対立仮説 H_1 を次のように設定する．

$$H_0 : \mu_A = \mu_B, \quad H_1 : \mu_A \neq \mu_B$$

帰無仮説 H_0 のもとで，検定統計量

$$T = \frac{\overline{X}_A - \overline{X}_B}{\sqrt{\dfrac{U_A^2}{n_A} + \dfrac{U_B^2}{n_B}}}$$

は近似的に，自由度 ϕ の t 分布にしたがう．ただし，ϕ は，

$$\left(\frac{u_A^2}{n_A} + \frac{u_B^2}{n_B} \right)^2 \Big/ \left\{ \frac{1}{n_A - 1} \left(\frac{u_A^2}{n_A} \right)^2 + \frac{1}{n_B - 1} \left(\frac{u_B^2}{n_B} \right)^2 \right\}$$

に最も近い整数である．$n_A = 11, n_B = 7, \overline{x}_A = 19, \overline{x}_B = 15$ であり，

$$u_A^2 = 44, \quad u_B^2 = 7$$

であるから，検定統計量の実現値は

$$t = \frac{19 - 15}{\sqrt{\dfrac{44}{11} + \dfrac{7}{7}}} = \frac{4}{\sqrt{5}} = 1.789$$

である．自由度 ϕ は

$$\left(\frac{44}{11} + \frac{7}{7} \right)^2 \Big/ \left\{ \frac{1}{10} \left(\frac{44}{11} \right)^2 + \frac{1}{6} \left(\frac{7}{7} \right)^2 \right\} = \frac{25}{\frac{16}{10} + \frac{1}{6}} = \frac{750}{53} = 14.15$$

に一番近い整数をとるから $\phi = 14$ である．棄却域は

$$|t| \geqq t_{14}(0.05) = 2.145$$

となるから，H_0 は棄却されない．よって．母平均に差があるとはいえない．　■

120　　　　　　　　　　　　付録 A　補　章

――――――――――――――――――――――――――― *Let's TRY* ―――

問 A.6　ある会社の A, B 2 つの工場では，同一のネジを作っている．そのネジの直径について標本調査を行ったところ，結果は次の表のようになった（単位は [mm]）．ネジの直径の分布はどちらの工場でも正規分布にしたがっているものとする．

工場	標本数	標本平均	標本標準偏差
A	$n_A = 13$	$\overline{x}_A = 6.5$	$s_A = 0.4$
B	$n_B = 8$	$\overline{x}_B = 6.9$	$s_B = 0.2$

(1)　2 つの工場のネジの直径の分散が等しいか否かを有意水準 5% で検定せよ．

(2)　2 つの工場のネジの直径の平均が等しいか否かを有意水準 5% で検定せよ．

問 A.7　A 市と B 市の高校 1 年生を無作為に抽出して英語の実力テストを行ったところ，結果は次の表のようになった（単位は [点]）．A 市と B 市の高校 1 年生の英語の実力テストの点数の分布は正規分布にしたがっているものとする．

市	受験人数	標本平均	標本標準偏差
A	$n_A = 21$	$\overline{x}_A = 55$	$s_A = 5$
B	$n_B = 10$	$\overline{x}_B = 62$	$s_B = 11$

(1)　A 市と B 市の高校 1 年生の英語のテストの分散が等しいか否かを有意水準 5% で検定せよ．

(2)　A 市と B 市の高校 1 年生の英語のテストの平均が等しいか否かを有意水準 5% で検定せよ．

――――――――――――――――――――――――――――――――――――

データに対応がある場合の平均の差の検定　　母平均の差の検定において学習の前後の成績の差やダイエットの前後の体重差など，データに対応がある場合，対応するデータの差が正規分布にしたがうと考えて t 検定を行う．

例題 A.5　**（対応のあるデータの母平均の差の検定）**　10 人の生徒に短距離走の走り方の特別練習を行った．この特別練習の前後に 50 [m] のタイムを計測したところ，タイムの差は（**注**：練習の後のタイムから練習の前のタイムを引いたもの）次のようになった（単位は [秒]）．

$$-0.2 \quad -0.3 \quad 0.1 \quad -0.6 \quad -0.4 \quad 0.3 \quad 0.0 \quad -0.3 \quad -0.4 \quad 0.1$$

特別練習の効果があったかどうか，有意水準 5% で検定せよ．

A.4 正規母集団の母平均の差の検定と等分散の検定　**121**

解　前後のタイムの差を X とおき，X が正規分布 $N(\mu, \sigma^2)$ にしたがうと考える．X の不偏分散を U^2 とおき，標本の大きさを n とおくと，検定統計量

$$T = \frac{\overline{X} - \mu}{\frac{U}{\sqrt{n}}}$$

は自由度 $n-1$ の t 分布にしたがう．練習の効果が表れたときは $\mu < 0$ となるから帰無仮説 H_0 と対立仮説 H_1 を次のように設定する．

$$H_0 : \mu = 0, \quad H_1 : \mu < 0$$

帰無仮説 H_0 のもとで，検定統計量

$$T = \frac{\overline{X}}{\frac{U}{\sqrt{n}}}$$

は自由度 $n-1$ の t 分布にしたがう．$n = 10$ であり，

$$\overline{x} = -0.17, \quad u = 0.28304$$

であるから，検定統計量 T の実現値は

$$t = \frac{-0.17\sqrt{10}}{0.28304} = -1.8993$$

である．左片側検定であるから，棄却域は

$$t \leqq -t_9(0.10) = -1.833$$

である．$t = -1.8993$ は棄却域に入るから，H_0 は棄却され，H_1 が採択される．以上より，特別練習の効果があったといえる．　　∎

Let's TRY

問 A.8　8人の高血圧の患者に血圧降下の新薬を投与したところ，投与前と投与後の血圧は次の表のようになった．単位は [mmHg] である．新薬の効果があったといえるか，有意水準 5% で検定せよ．

被験者番号	1	2	3	4	5	6	7	8
投与前の血圧	170	140	163	182	142	154	144	137
投与後の血圧	153	145	152	170	136	158	140	142

付録 A 補　章

2 つの正規分布 $N(\mu_A, \sigma_A^2)$ と $N(\mu_B, \sigma_B^2)$ から，それぞれ大きさ n_A, n_B の無作為標本をとり，その標本平均を $\overline{X}_A, \overline{X}_B$，不偏分散を U_A^2, U_B^2 とする．この 2 つの標本を用いて，母平均の差 $\mu_A - \mu_B$ と等分散 $\sigma_A^2 = \sigma_B^2$ を検定するときに用いる検定統計量とその分布についてまとめておく．

検定の種類	検定統計量	分布
母平均の差の検定 （母分散既知）	$\dfrac{(\overline{X}_A - \overline{X}_B) - (\mu_A - \mu_B)}{\sqrt{\frac{\sigma_A^2}{n_A} + \frac{\sigma_B^2}{n_B}}}$	$N(0, 1)$
母平均の差の検定 （母分散未知） （等分散のとき）	$\dfrac{(\overline{X}_A - \overline{X}_B) - (\mu_A - \mu_B)}{\sqrt{\left(\frac{1}{n_A} + \frac{1}{n_B}\right) \frac{(n_A-1)U_A^2+(n_B-1)U_B^2}{n_A+n_B-2}}}$	自由度 $n_A + n_B - 2$ の t 分布
母平均の差の検定 （母分散未知） （等分散でない） ウェルチの検定	$\dfrac{(\overline{X}_A - \overline{X}_B) - (\mu_A - \mu_B)}{\sqrt{\frac{U_A^2}{n_A} + \frac{U_B^2}{n_B}}}$	自由度 ϕ の t 分布
母平均の差の検定 （対応あるデータ） $(n_A = n_B = n)$	$\dfrac{\overline{X} - (\mu_A - \mu_B)}{\frac{U}{\sqrt{n}}}$ （$\overline{X}$ は差の平均，U^2 は差の不偏分散）	自由度 $n - 1$ の t 分布
等分散の検定	$\dfrac{U_A^2}{U_B^2}$	自由度 $(n_A - 1, n_B - 1)$ の F 分布

ここで，ウェルチの検定の自由度 ϕ は次式の右辺の値に最も近い整数とする．

$$\phi \fallingdotseq \left(\frac{u_A^2}{n_A} + \frac{u_B^2}{n_B}\right)^2 \Big/ \left\{\frac{1}{n_A - 1}\left(\frac{u_A^2}{n_A}\right)^2 + \frac{1}{n_B - 1}\left(\frac{u_B^2}{n_B}\right)^2\right\}$$

ここで，u_A^2, u_B^2 は U_A^2, U_B^2 の実現値である．

■**注意**　通常，母平均の差を検定するとき，母分散が未知な場合には，最初に等分散の検定を行い，母分散が等しくないとはいえない場合，等分散を仮定して t 検定を行い，母分散が等しくないことがわかった場合にはウェルチの検定を行う．

A.5 積率母関数 **123**

A.5 積率母関数

確率変数 X に対して $\mu'_n = E[X^n]$ $(n = 1, 2, \ldots)$ を X の n 次の**積率**という. μ'_1 は X の平均である. また $\mu_n = E[(X - \mu'_1)^n]$ $(n = 1, 2, \ldots)$ を X の平均値のまわりの n 次の積率という. $\mu_1 = 0$ であり, μ_2 は X の分散である.

確率変数 X と実数 θ に対して $\phi(\theta) = E[e^{\theta X}]$ とおく. $\phi(\theta)$ を θ の関数とみて X の**積率母関数**という. 積率母関数に関して次の性質が成り立つ.

> ### A.5 [定理] 積率母関数の性質
>
> (1) a, b $(a \neq 0)$ を定数とする. 確率変数 X の積率母関数を $\phi(\theta)$ とするとき, 確率変数 $aX + b$ の積率母関数は $e^{b\theta}\phi(a\theta)$ である.
>
> (2) X_1, X_2 を互いに独立な確率変数とし, それぞれの積率母関数を $\phi_1(\theta), \phi_2(\theta)$ とする. このとき, $X_1 + X_2$ の積率母関数は $\phi_1(\theta)\phi_2(\theta)$ である.
>
> (3) ある正の定数 θ_0 が存在して $|\theta| \leqq \theta_0$ を満たす任意の θ について $\phi(\theta)$ が存在すれば, 任意の自然数 n に対して μ'_n が存在し, $\mu'_n = \phi^{(n)}(0)$ となる.
>
> (4) 確率変数 X, Y の積率母関数が $\theta = 0$ の近傍で存在して一致するときは X, Y の分布関数は一致する.

証明 (1) $aX + b$ の積率母関数は

$$E[e^{(aX+b)\theta}] = E[e^{b\theta}e^{(a\theta)X}] = e^{b\theta}E[e^{(a\theta)X}] = e^{b\theta}\phi(a\theta)$$

(2) X_1 と X_2 は互いに独立だから $e^{\theta X_1}$ と $e^{\theta X_2}$ も互いに独立であり, $X_1 + X_2$ の積率母関数は

$$E[e^{\theta(X_1+X_2)}] = E[e^{\theta X_1}e^{\theta X_2}] = E[e^{\theta X_1}] \cdot E[e^{\theta X_2}] = \phi_1(\theta) \cdot \phi_2(\theta)$$

(3) $e^{\theta X} = 1 + \theta X + \dfrac{1}{2!}\theta^2 X^2 + \cdots + \dfrac{1}{n!}\theta^n X^n + \cdots$ となるから,

$$E[e^{\theta X}] = E[1] + E[X]\theta + \frac{1}{2!}E[X^2]\theta^2 + \cdots + \frac{1}{n!}E[X^n]\theta^n + \cdots$$

$$= 1 + \mu'_1\theta + \frac{\mu'_2}{2!}\theta^2 + \cdots + \frac{\mu'_n}{n!}\theta^n + \cdots$$

124 付録 A 補 章

となる．これより，$\mu'_n = \phi^{(n)}(0)$ を得る．

(4) 省略する． ∎

■**注意** 積率母関数をもたない確率分布はいくらでもある．確率密度関数が

$$f(x) = \frac{a}{\pi}\frac{1}{a^2 + x^2} \quad (a \text{ は正の定数})$$

である確率分布（**コーシー分布**という）は $\theta = 0$ 以外では，積率母関数をもたない．なお，この確率分布は平均ももたない．

例題 A.6　X を二項分布 $B(n, p)$ にしたがう確率変数とする．次の問いに答えよ．

(1) X の積率母関数 $\phi(\theta)$ を求めよ．また，それを用いて X の平均 $E[X]$ と分散 $V[X]$ を求めよ．

(2) X と Y は互いに独立な確率変数であり，X は二項分布 $B(n, p)$ にしたがい，Y は $B(m, p)$ にしたがうとする．このとき，$X + Y$ は $B(n + m, p)$ にしたがうことを示せ（**二項分布の再生性**）．

解　(1)　$q = 1 - p$ とおく．$P(X = k) = {}_nC_k p^k q^{n-k}$ $(k = 0, 1, 2, \ldots, n)$ であるから

$$\phi(\theta) = E[e^{\theta X}] = \sum_{k=0}^{n} e^{\theta k} P(X = k) = \sum_{k=0}^{n} {}_nC_k (pe^\theta)^k q^{n-k} = (pe^\theta + q)^n$$

となる．

$$\phi'(\theta) = np(pe^\theta + q)^{n-1}e^\theta$$

$$\phi''(\theta) = n(n-1)p^2(pe^\theta + q)^{n-2}e^{2\theta} + np(pe^\theta + q)^{n-1}e^\theta$$

したがって

$$E[X] = \phi'(0) = np$$

$$V[X] = E[X^2] - (E[X])^2 = \phi''(0) - (np)^2$$

$$= n(n-1)p^2 + np - n^2p^2 = np(1 - p) = npq$$

(2)　$X + Y$ の積率母関数 $\varphi(\theta)$ は X と Y の積率母関数の積になるから，

$$\varphi(\theta) = (pe^\theta + q)^n \cdot (pe^\theta + q)^m = (pe^\theta + q)^{n+m}$$

A.5 積率母関数 **125**

となる．これは二項分布 $B(n+m,p)$ の積率母関数である．よって $X+Y$ は二項分布 $B(n+m,p)$ にしたがう． ■

—————————————————————————————— *Let's TRY* ——

問 A.9 確率変数 X_1 と X_2 は，それぞれ，正規分布 $N(\mu_1,\sigma_1^2)$ と $N(\mu_2,\sigma_2^2)$ にしたがう独立な確率変数とする，a_1, a_2, b（$a_1 \neq 0, a_2 \neq 0$）を定数とする．次の問いに答えよ．

(1) X_1 の積率母関数 $\phi_1(\theta)$ を求めよ．また，$a_1 X_1$ の積率母関数を求めよ．

(2) $a_1 X_1 + a_2 X_2 + b$ は正規分布 $N(a_1\mu_1 + a_2\mu_2 + b, a_1^2\sigma_1^2 + a_2^2\sigma_2^2)$ にしたがうことを示せ（**正規分布の再生性**）．

主な確率分布について積率母関数をまとめておく．下の表の中で μ は定数，$p, \lambda, \sigma, \alpha$ は正の定数で $0 < p < 1$ を満たすものとする．さらに，n は自然数とし，$q = 1 - p$ とする．

分布の名前	記号	確率または確率密度関数	積率母関数
二項分布	$B(n,p)$	${}_nC_k p^k q^{n-k}$ （$k = 0, 1, 2, \ldots, n$）	$(pe^\theta + q)^n$
ポアソン分布	$Po(\lambda)$	$\dfrac{\lambda^k}{k!} e^{-\lambda}$ （$k = 0, 1, 2, \ldots$）	$e^{\lambda(e^\theta - 1)}$
正規分布	$N(\mu, \sigma^2)$	$\dfrac{1}{\sqrt{2\pi}\,\sigma} \exp\left\{ -\dfrac{(x-\mu)^2}{2\sigma^2} \right\}$	$e^{\mu\theta + \frac{1}{2}\sigma^2\theta^2}$
ガンマ分布	$\Gamma(\lambda, \alpha)$	$\dfrac{\alpha^\lambda}{\Gamma(\lambda)} x^{\lambda-1} e^{-\alpha x}$ （$x > 0$）	$\left(1 - \dfrac{\theta}{\alpha}\right)^{-\lambda}$ （$\theta < \alpha$）

■ **注意** $\lambda = \dfrac{n}{2}, \alpha = \dfrac{1}{2}$ とした**ガンマ分布** $\Gamma\left(\dfrac{n}{2}, \dfrac{1}{2}\right)$ は自由度 n の χ^2 分布である．

—————————————————————————————— *Let's TRY* ——

問 A.10 λ, α は正の定数とし，m, n は正の整数とする．次の問いに答えよ．

(1) ガンマ分布 $\Gamma(\lambda, \alpha)$ の積率母関数を求めよ．

(2) (1) の結果を用いて，自由度 n の χ^2 分布の積率母関数を求めよ．

(3) X と Y がそれぞれ，自由度 m, n の χ^2 分布にしたがう確率変数で互いに独立であるとする．このとき，$X+Y$ は自由度 $m+n$ の χ^2 分布にしたがうことを示せ（**χ^2 分布の再生性**）．

A.6 中心極限定理の定式化と証明

この節では，4.2 節で述べた，中心極限定理の正確な定式化と証明を行う．

A.6 ［定理］中心極限定理

期待値 μ と分散 σ^2 をもつ同一の確率分布にしたがう互いに独立な確率変数 $X_1, X_2, \ldots$ に対し，

$$Z_n = \frac{\sum_{k=1}^{n} X_k - n\mu}{\sqrt{n}\,\sigma}$$

とおくと，任意の実数 α に対して

$$\lim_{n \to \infty} P\left(Z_n \leqq \alpha\right) = \frac{1}{\sqrt{2\pi}} \int_{-\infty}^{\alpha} e^{-\frac{x^2}{2}}\,dx \quad \cdots ①$$

が成り立つ．

①は累積分布関数の極限が標準正規分布の累積分布関数になるという式であり，このような収束の仕方を分布収束という．なぜこのように収束を扱わなければならないのかといえば，例えば Z_n が離散型確率分布であるとき，Z_n の確率は離散的な点でしか定義されないのに対し，収束先の標準正規分布の確率密度関数はすべての実数 x に対して定義されており，直接比較することができないためである．一方，分布関数は離散型確率分布に対しても定義できるので比較可能である．

定理の証明には確率変数の**特性関数**が存在すること，および**レヴィの連続性定理**と呼ばれる定理を用いる．

確率変数 X の**特性関数**とは

$$E\left[e^{itX}\right] \qquad ただし，i = \sqrt{-1}$$

という複素数値関数である．これは積率母関数 $E\left[e^{\theta X}\right]$ が存在する場合には，$\theta = it$ としたものである．例えば標準正規分布にしたがう確率変数 Z の特性関数は積率母関数で $\theta = it$ とすることにより，

A.6　中心極限定理の定式化と証明

$$E\left[e^{\theta Z}\right] = e^{-\frac{t^2}{2}}$$

となる．特性関数は任意の確率変数について存在することが知られている．

一方，**レヴィの連続性定理**とは，確率変数 Z_n の特性関数 $\varphi_n(t)$，確率変数 Z の特性関数 $\varphi(t)$ に対して，$\lim_{n\to\infty} \varphi_n(t) = \varphi(t)$ が任意の $t \in \mathbb{R}$ に対して成り立つことと，

$$\lim_{n\to\infty} P\left(Z_n \leqq \alpha\right) = P\left(Z \leqq \alpha\right)$$

が任意の α に対して成り立つことは同値であるという定理である．

したがって，標準正規分布にしたがう確率変数 Z の特性関数は $e^{-\frac{t^2}{2}}$ であるから，

$$\lim_{n\to\infty} \varphi_n(t) = e^{-\frac{t^2}{2}}$$

を示せばレヴィの連続性定理より，中心極限定理がしたがう．以下，この式を示す．

$$Z_n = \sum_{k=1}^{n} \frac{Y_k}{\sqrt{n}} \qquad \text{ただし,}\ Y_k = \frac{X_k - \mu}{\sigma}$$

（確率変数 Y_K は平均 0，分散 1 の同一分布にしたがう）とかけるので，

$$\varphi_n(t) = E\left[e^{it\sum_{k=1}^{n}\frac{Y_k}{\sqrt{n}}}\right]$$

$$= \prod_{k=1}^{n} E\left[e^{it\frac{Y_k}{\sqrt{n}}}\right] = \left(\varphi_Y\left(\frac{t}{\sqrt{n}}\right)\right)^n$$

（ただし，φ_Y は Y_k の特性関数であり，これは n や k にはよらない）となる．$\varphi_Y(t)$ のマクローリン展開は

$$\varphi_Y(t) = E\left[e^{itY_k}\right]$$

$$= E\left[1 + itY_k + \frac{(it)^2}{2!}Y_k^2 + o(t^2)\right]$$

$$= 1 + itE\left[Y_k\right] - \frac{t^2}{2}E\left[Y_k^2\right] + o(t^2)$$

$$= 1 - \frac{t^2}{2} + o(t^2)$$

（ただし，$o(t^2)$ はランダウのスモールオー，つまり，$t \to 0$ のとき t^2 よりも十分 0 に近い値）となるので，

$$\varphi_Y \left(\frac{t}{\sqrt{n}} \right) = 1 - \frac{t^2}{2n} + o(n^{-1})$$

となる．ただし，$o(n^{-1})$ は $n \to \infty$ のとき n^{-1} よりも十分 0 に近い値であることを表す（t を固定してから $n \to \infty$ とすることにより，$o\left(\frac{t^2}{n} \right) = o(n^{-1})$）．

したがって，実数 a に対して $\lim_{n \to \infty} \left(1 + \frac{a}{n} \right)^n = e^a$ となることを用いて，

$$\begin{aligned} \lim_{n \to \infty} \varphi_n(t) &= \lim_{n \to \infty} \left(1 - \frac{t^2}{2n} + o(n^{-1}) \right)^n \\ &= \lim_{n \to \infty} \left(1 + \frac{-\frac{t^2}{2} + o(1)}{n} \right)^n \\ &= e^{-\frac{t^2}{2}} \end{aligned}$$

を得る．

A.7 　最　尤　法

　以下で説明する最尤法は母集団の母数の推定量を作り出す方法の一つであるが，この手法は機械学習にも応用され，データサイエンスの基礎となっている．

　確率変数 X は 0 か 1 のいずれかの値をとり，

$$P(X = 1) = p, \quad P(X = 0) = 1 - p$$

であるとする（**ベルヌーイ分布**という）．いま，p の値はわかっていないとする．この確率分布にしたがう 4 回の独立な試行 X_1, X_2, X_3, X_4 の結果が

$$X_1 = 1, \quad X_2 = 1, \quad X_3 = 0, \quad X_4 = 1$$

となったとする．このとき，このような状態になる確率 $L(p)$ は

$$L(p) = P(X_1 = 1)P(X_2 = 1)P(X_3 = 0)P(X_4 = 1) = p^3(1-p)$$

と表せる．ここで確率が最大になる状態が実現しているという仮定のもとで p を推定する．$0 \leqq p \leqq 1$ の範囲で $L(p)$ の最大値を求めてみると

$$\frac{d}{dp}L(p) = 3p^2 - 4p^3 = p^2(3 - 4p)$$

より，$p = \dfrac{3}{4} = 0.75$ で $L(p)$ は最大値をとることがわかる．実際，4回中，3回起きたので $p = \dfrac{3}{4}$ とすることはもっともらしいと考えられる．このような $L(p)$ を**尤度関数**といい，尤度関数を最大にする値により，その母数を推定する方法を**最尤法**という．また，このようにして得られた母数の推定値を**最尤推定値**という．

一般には次のように考える．まず，母集団分布の標本 $X_1, \ldots, X_n$ の実現値を $x_1, \ldots, x_n$，母集団の未知の母数を θ とする．

$$f(x_i; \theta) = \begin{cases} P(X_i = x_i) & \text{離散型確率分布のとき} \\ \text{確率密度関数の } x_i \text{ での値} & \text{連続型確率分布のとき} \end{cases}$$

に対して，

$$L(\theta) = L(x_1, \ldots, x_n \, ; \, \theta) = f(x_1; \theta) \cdots f(x_n; \theta)$$

を標本 $(x_1, \ldots, x_n)$ の**尤度関数**という．$L(\theta)$ を最大にする $\theta = \widehat{\theta}$ が存在するとき，$\widehat{\theta}$ を母数 θ の**最尤推定値**といい，対応する統計量 T を θ の**最尤推定量**という．$L(\theta)$ の代わりに $\log L(\theta)$ の最大値を考えても同じであり，こちらの方が計算が簡単になることが多い．$\log L(\theta)$ を**対数尤度**という．最尤推定量は対数尤度の θ に関する停留条件から定まる

$$\frac{\partial}{\partial \theta} \log L(\theta) = 0$$

を解いて得られることが多い．この方程式を**尤度方程式**という．母数が複数個あるときも，尤度方程式を連立させて求めることができる．

例題 A.7 二項分布 $B(m, p)$ の母数 p の最尤推定量を求めよ. m は既知とする.

- -

解 $X_1, \ldots, X_n$ を二項分布 $B(m, p)$ の n 個の標本とし, $x_1, \ldots, x_n$ をその実現値とする. 尤度関数を $L(p)$ とおくと,

$$P(X_k = x_k) = {}_m\mathrm{C}_{x_k} p^{x_k} (1-p)^{m-x_k}$$

であるから,

$$\log L(p) = \sum_{k=1}^{n} \left(\log p^{x_k} + \log(1-p)^{m-x_k} + \log {}_m\mathrm{C}_{x_k} \right)$$

$$= (x_1 + \cdots + x_n) \log p + \{mn - (x_1 + \cdots + x_n)\} \log(1-p) + A$$

となる. ここで A は p を含まない項であり, $n\overline{x} = x_1 + \cdots + x_n$ とおくと,

$$\log L(p) = n\overline{x} \log p + (mn - n\overline{x}) \log(1-p) + A$$

となり, 尤度方程式は

$$\frac{d}{dp} \log L(p) = \frac{n\overline{x}}{p} + \frac{n(m-\overline{x})}{1-p} \cdot (-1) = 0$$

これを解くと

$$p = \frac{\overline{x}}{m}$$

を得る. これより, p の最尤推定量は

$$\frac{\overline{X}}{m} = \frac{X_1 + X_2 + \cdots + X_n}{mn}$$

A.7 最 尤 法　　　　131

例題 A.8 正規分布 $N(\mu, \sigma^2)$ の μ と σ^2 の最尤推定量を求めよ.

解 $\sigma^2 = v$ とおくと, この分布の確率密度関数 $f(x)$ は,

$$f(x) = \frac{1}{\sqrt{2\pi}} v^{-\frac{1}{2}} \exp\left\{ -\frac{(x-\mu)^2}{2v} \right\}$$

である. 標本の値を $x_1, \ldots, x_n$ とし, 尤度関数を $L = L(\mu, v)$ とおくと,

$$\log L = \sum_{k=1}^{n} \log f(x_k)$$

$$= \sum_{k=1}^{n} \left(-\frac{1}{2}\log(2\pi) - \frac{1}{2}\log v - \frac{(x_k - \mu)^2}{2v} \right)$$

$$= -\frac{n}{2}\log(2\pi) - \frac{n}{2}\log v - \sum_{k=1}^{n} \frac{(x_k - \mu)^2}{2v}$$

となり, 尤度方程式は

$$\begin{cases} \dfrac{\partial}{\partial \mu}\log L = \displaystyle\sum_{k=1}^{n} \frac{(x_k - \mu)}{v} = 0 \\[3mm] \dfrac{\partial}{\partial v}\log L = -\dfrac{n}{2v} + \displaystyle\sum_{k=1}^{n} \frac{(x_k - \mu)^2}{2v^2} = 0 \end{cases}$$

これより,

$$\mu = \frac{1}{n}\sum_{k=1}^{n} x_k, \quad v = \frac{1}{n}\sum_{k=1}^{n}(x_k - \mu)^2$$

となるが, $\dfrac{1}{n}\displaystyle\sum_{k=1}^{n} x_k = \overline{x}$ とおくと, $\mu = \overline{x}$ であるから, 第 2 式より,

$$v = \frac{1}{n}\sum_{k=1}^{n}(x_k - \overline{x})^2$$

となる. 以上より, μ の最尤推定量は標本平均 $\overline{X}$ であり, σ^2 の最尤推定量は標本分散 S^2 である. ∎

■**注意** $\overline{X}$ は μ の不偏推定量であるが, S^2 は σ^2 の不偏推定量 U^2 とは一致しない. このように最尤推定量が必ず不偏推定量になるわけではない.

132　　　　　　　　　　　　付録 A　補　章

―――――――――――――――――――――――――――――――― *Let's TRY* ――――

問 **A.11**　ポアソン分布 $Po(\lambda)$ の λ の最尤推定量を求めよ.

問 **A.12**　α を正の定数とする. 確率密度関数 $f(x)$ が

$$f(x) = \begin{cases} \alpha e^{-\alpha x} & (x > 0) \\ 0 & (x \leqq 0) \end{cases}$$

と表される確率分布を**指数分布** $\mathrm{Exp}(\alpha)$ と表す. この指数分布の母数 α の最尤推定量を求めよ.

▶ **ロジスティック回帰**

　最尤法の応用の一つに**ロジスティック回帰**という機械学習の手法がある. 2 変数の場合を考えると, xy 平面上の n 個の点 (x_i, y_i) $(i = 1, 2, \ldots, n)$ に $z_i = 0$ または $z_i = 1$ という値が与えられている. このとき, 直線 $ax + by + c = 0$ で xy 平面を分割し, 一方に属する点では $Z = 0$, もう一方に属する点では $Z = 1$ と予測する関数を作る手法である. 予測値 Z は必ずしも元の z_i の値と一致しないが, このように関数を作っておくと, xy 平面上の任意の点に対して Z の値を予測することができる. より具体的には, ロジスティック回帰では Z に関する条件付き確率を

$$P\big(Z = 1 \big| (X, Y) = (x, y)\big) = u(x, y) = \frac{1}{1 + e^{-ax - by - c}}$$

$$P\big(Z = 0 \big| (X, Y) = (x, y)\big) = 1 - u(x, y)$$

と定め,

$$f(x_i, y_i, z_i, a, b, c) = P\big(Z = z_i \big| (X, Y) = (x_i, y_i)\big)$$

に関する標本 (x_i, y_i, z_i) $(i = 1, 2, \ldots, n)$ の尤度

$$L(a, b, c) = f(x_1, y_1, z_1, a, b, c) \cdots f(x_n, y_n, z_n, a, b, c)$$

が最大になるような実数 a, b, c を求める.

　ここで, z_i は 0 または 1 であることより,

$$P\big(Z = z_i \big| (X, Y) = (x_i, y_i)\big) = u(x_i, y_i)^{z_i} \big(1 - u(x_i, y_i)\big)^{1 - z_i}$$

とかけるので, 対数尤度は

$$\log L(a,b,c) = \sum_{i=1}^{n} \left\{ z_i \log u(x_i, y_i) + (1 - z_i) \log(1 - u(x_i, y_i)) \right\}$$

となる．

例えば以下のようなデータに対してロジスティック回帰を行うと

$$a \fallingdotseq -1.72, \quad b \fallingdotseq 0.406, \quad c \fallingdotseq 6.19$$

となり，ロジスティック回帰直線 $ax + by + c = 0$ は下図のようになる．

i	x_i	y_i	z_i
1	6	3	0
2	5	2	0
3	7	3	0
4	4	5	0
5	6	4	0
6	2	7	1
7	3	5	1
8	4	8	1
9	4	2	1
10	5	6	1

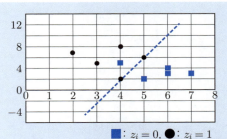

■：$z_i = 0$，●：$z_i = 1$
破線：ロジスティック回帰直線

補 章 演習問題 **A**

1 自由度 n の t 分布の確率密度関数

$$f(x) = \frac{1}{\sqrt{n}\, B\left(\frac{1}{2}, \frac{n}{2}\right)} \left(1 + \frac{x^2}{n}\right)^{-\frac{n+1}{2}}$$

に対して $\displaystyle\int_{-\infty}^{\infty} f(x)\,dx = 1$ となることを示せ.

2 自由度 (m, n) の F 分布の確率密度関数

$$f(x) = \begin{cases} \dfrac{m^{\frac{m}{2}} n^{\frac{n}{2}}}{B\left(\frac{m}{2}, \frac{n}{2}\right)} \dfrac{x^{\frac{m}{2}-1}}{(mx+n)^{\frac{m+n}{2}}} & (x > 0 \text{ のとき}) \\ 0 & (x \leqq 0 \text{ のとき}) \end{cases}$$

に対して $\displaystyle\int_{-\infty}^{\infty} f(x)\,dx = 1$ となることを示せ.

3 正の定数 α に対して, 確率密度関数が

$$f(x) = \begin{cases} \alpha e^{-\alpha x} & (x > 0) \\ 0 & (x \leqq 0) \end{cases}$$

となる確率分布を**指数分布** Exp(α) という. この確率分布の積率母関数を求めよ.

4 正の定数 α に対して, 確率密度関数が

$$f(x) = Ce^{-\alpha|x|} \quad (-\infty < x < \infty)$$

となる確率分布を**両 側指数分布**という. 次の問いに答えよ.
(1) 定数 C を求めよ.
(2) 両側指数分布の積率母関数を求めよ.
(3) 確率変数 X が両側指数分布にしたがうとき, 積率母関数を用いて X の平均 $E[X]$ と分散 $V[X]$ を求めよ.
(4) 確率変数 X と Y が互いに独立で, ともに指数分布 Exp(α) にしたがうとき, $Z = X - Y$ は両側指数分布にしたがうことを, 積率母関数を用いて示せ.

補　章　演習問題 B

5　自由度 n の χ^2 分布の積率母関数を求めよ．また，積率母関数を用いてこの確率分布の平均と分散を求めよ．

6　二項分布 $B(1, p)$ の母数 p の最尤推定量を求めよ．

7　1 回の試行で確率 p で起こる事象 A があるとする．この試行を繰り返すとき，事象 A が初めて起こる直前までに繰り返した試行の回数を X とする．X の確率分布は

$$P(X = k) = p(1 - p)^k \quad (k = 0, 1, 2, \dots)$$

となる．この確率分布を**幾何分布**という．幾何分布の母数 p の最尤推定量を求めよ．

8　農家 A と農家 B で出荷されたトマトの重さをそれぞれ，6 個と 8 個無作為に抽出して調べたところ，下記の表のようになった．

農家 A	75	67	74	65	72	80		
農家 B	65	59	73	82	72	69	73	63

(1)　農家 A のトマトと農家 B のトマトの重さのバラつき具合に差があるかどうか，有意水準 5% で検定せよ．

(2)　農家 A のトマトの方が農家 B のトマトより平均が重いといえるか，有意水準 5% で検定せよ．

9　確率変数 X が自由度 n の χ^2 分布にしたがうとき，$Z = \sqrt{\dfrac{X}{n}}$ の確率密度関数を求めよ．

10　確率変数 X と Y は互いに独立で，その確率密度関数がそれぞれ $f(x)$, $g(y)$ であるとする．このとき，$Z = \dfrac{X}{Y}$ の確率密度関数は

$$h(z) = \int_{-\infty}^{\infty} f(zt)g(t)|t|\, dt$$

で与えられる．X が標準正規分布 $N(0, 1)$ にしたがい，Y が自由度 n の χ^2 分布にしたがうとき，前問の結果も用いて $Z = \dfrac{X}{\sqrt{\frac{Y}{n}}}$ の確率密度関数を求めよ．

問題解答

第1章

1.1節 **1.1** 平均値 60.1 [kg]，中央値 61.3 [kg]，データそのものの最頻値 56.5 [kg]，度数分布表から得た最頻値 62.5 [kg]

1.2 (1) $(\text{Min}, Q_1, Q_2, Q_3, \text{Max}) = (2, 3.5, 5, 6.5, 8)$
$(R, \text{IQR}, Mo) = (6, 3, 5)$
(2) $(\text{Min}, Q_1, Q_2, Q_3, \text{Max}) = (1, 4, 5, 8, 9)$
$(R, \text{IQR}, Mo) = (8, 4, 8)$

1.3 $\bar{x} = 68.75\,[点]$, $v_x = 288.44$, $s_x = 16.98\,[点]$, $d = 31.31$

1.4 $\bar{x} = 23.30\,[\text{g}]$, $v_x = 0.026\,[\text{g}^2]$, $s_x = 0.1612\,[\text{g}]$

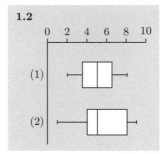
1.2

1.2節 **1.5** 証明略
(ヒント：$c_{xy} = \dfrac{1}{n}\sum_{i=1}^{n}(x_i y_i - \bar{x} y_i - \bar{y} x_i + \bar{x}\,\bar{y}) = \overline{xy} - \bar{x}\,\bar{y} - \bar{x}\,\bar{y} + \bar{x}\,\bar{y}$)

1.6 $r = 0.768$ **1.7** $r = 0.650$

1.8 x に対する y の回帰直線 $y = 0.718x + 13.172$,
y に対する x の回帰直線 $x = 0.822y + 18.047$（または $y = 1.217x - 21.959$）

1.9 $y = 0.621x + 4.832$

1.10 (1) 証明略 （ヒント：$\dfrac{c_{xy}}{s_x^2} = \dfrac{c_{xy}}{s_x s_y}\dfrac{s_y}{s_x}$）
(2) 証明略 （ヒント：y に対する x の回帰直線の方程式が $\dfrac{x - \bar{x}}{s_x} = r\dfrac{y - \bar{y}}{s_y}$ となることを用いる．）

◆演習問題A◆ **1** $\bar{x} = 173.4\,[\text{cm}]$, $v_x = 23.04\,[\text{cm}^2]$, $s_x = 4.8\,[\text{cm}]$, $Q_1 = 170$, $Q_2 = 173$, $Q_3 = 177\,[\text{cm}]$

2 (1) $\bar{y} = 0.25$, $s_y = 4.548$ (2) $\bar{x} = 7.325\,[秒]$, $s_x = 0.4548\,[点]$

3 $C_{xy} = 142.54\,[\text{kg}\cdot\text{kgw}]$, $r = 0.8446$
体重 x に対する握力 y の回帰直線 $y = 0.757x - 4.687$

4 (1) $\bar{x} = 5.6\,[点]$, $v_x = 4.64\,[点^2]$, $s_x = 2.154\,[点]$, $\bar{y} = 5.2\,[点]$, $v_y = 2.16\,[点^2]$, $s_y = 1.47\,[点]$
(2) $r = -0.9855$ (3) $y = -0.672x + 8.966$

◆演習問題B◆ **5** (1) $a = 1, \bar{x} = 5$, または $a = 3, \bar{x} = 5$
(2) $a = 1, \bar{x} = 4$, または $a = \dfrac{3}{2}, \bar{x} = \dfrac{9}{2}$

6 (1) $63.11\,[点]$ (2) $6.34\,[点]$

7 平均 3.4, 分散 3.44

8 証明略 （ヒント：x, y の共分散を c_{xy}, u, v の共分散を c_{uv} とすると，$c_{uv} = ac\,c_{xy}$ を示

第2章の解答　　**137**

す．さらに，x, y, u, v の標準偏差を s_x, s_y, s_u, s_v とすると，$s_u = |a|s_x$, $s_v = |c|s_y$ を示し，これらを相関係数 r_{uv} の定義式に代入せよ．）

9　$a = 45.44$, $b = 4.817$

第2章

2.1節　**2.1**　$\frac{1}{6}$

2.2　$\frac{15}{28}$　（ヒント：$\frac{{}_5\mathrm{C}_2 \cdot {}_3\mathrm{C}_1}{{}_8\mathrm{C}_3}$）

2.3　$\frac{47}{442}$　（ヒント：$\frac{{}_{13}\mathrm{C}_2}{{}_{52}\mathrm{C}_2} + \frac{{}_{12}\mathrm{C}_2}{{}_{52}\mathrm{C}_2} - \frac{{}_3\mathrm{C}_2}{{}_{52}\mathrm{C}_2}$）

2.4　$\frac{26}{33}$　（ヒント：$1 - \frac{{}_7\mathrm{C}_3}{{}_{11}\mathrm{C}_3}$）

2.2節　**2.5**　(1)　$\frac{1}{18}$　　(2)　$\frac{1}{2}$

2.6　(1)　$\frac{2}{9}$　　(2)　$\frac{3}{10}$　　(3)　$\frac{2}{9}$

2.7　独立でない

2.8　$P(A) = P(B) = P(C) = \frac{1}{2}$,
$P(A \cap B) = P(B \cap C) = P(C \cap A) = P(A \cap B \cap C) = \frac{1}{4}$
事象 A と事象 B は互いに独立．同様に B と C および C と A もそれぞれ互いに独立．しかし3つの事象 A, B, C は互いに独立ではない．

2.9　(1)　$\frac{80}{243}$　　(2)　$\frac{211}{243}$　（ヒント：(1)　${}_5\mathrm{C}_2 \left(\frac{1}{3}\right)^2 \left(\frac{2}{3}\right)^3$　　(2)　$1 - \left(\frac{2}{3}\right)^5$）

2.10　(1)　$\frac{15}{128}$　　(2)　$\frac{1013}{1024}$
（ヒント：(1)　${}_{10}\mathrm{C}_7 \left(\frac{1}{2}\right)^7 \left(\frac{1}{2}\right)^3$　　(2)　$1 - (1 + {}_{10}\mathrm{C}_1)\left(\frac{1}{2}\right)^{10}$）

2.11　$\frac{16}{31}$

◆演習問題 A◆

1　(1)　$\frac{216}{625}$　　(2)　$\frac{544}{625}$　（ヒント：(1)　${}_4\mathrm{C}_2 \left(\frac{3}{5}\right)^2 \left(\frac{2}{5}\right)^2$　　(2)　$1 - \left(\frac{3}{5}\right)^4$）

2　(1)　$\frac{1}{6}$　　(2)　$P(A) = \frac{1}{6}$, $P_A(B) = \frac{2}{3}$　　(3)　$\frac{5}{36}$
（ヒント：(1)　$\frac{3!}{1! \, 1! \, 1!} \left(\frac{1}{2}\right)\left(\frac{1}{3}\right)\left(\frac{1}{6}\right)$
(2)　$P(A) = {}_4\mathrm{C}_2 \left(\frac{1}{2}\right)^2 \left(\frac{1}{3}\right)^2$, $P(A \cap B) = {}_2\mathrm{C}_1 \left(\frac{1}{2}\right)\left(\frac{1}{3}\right) \cdot {}_2\mathrm{C}_1 \left(\frac{1}{2}\right)\left(\frac{1}{3}\right)$
(3)　${}_5\mathrm{C}_3 \cdot {}_3\mathrm{C}_1 \left(\frac{1}{2}\right)^2 \left(\frac{1}{3}\right)^2 \left(\frac{1}{6}\right)$）

3　(1)　$\frac{3}{8}$　　(2)　$\frac{3}{8}$　　(3)　$\frac{2}{7}$　　(4)　互いに独立でない．
（ヒント：(2)　$P(B) = P(A)P_A(B) + P(\overline{A})P_{\overline{A}}(B) = \frac{3}{8} \times \frac{2}{7} + \frac{5}{8} \times \frac{3}{7}$
(3)　$P_B(A) = \frac{P(A \cap B)}{P(B)}$　　(4)　$P_B(A) \neq P(A)$）

4　(1)　$\frac{4}{27}$　　(2)　$\frac{2}{9}$　　(3)　$\frac{13}{27}$

5　(1)　$\frac{11}{250}$　　(2)　$\frac{6}{11}$　（ヒント：(1), (2) 例題 2.2 参照）

138　　　　　　　　　　第 3 章の解答

◆演習問題 B◆　**6**　(1) $\frac{2}{7}$　　(2) $\frac{3}{14}$

（ヒント：(1) $\frac{{}_2C_1 \cdot {}_3C_2 \cdot {}_4C_2}{{}_9C_5}$　　(2) 3 番目に青玉が出る確率は $\frac{112}{9 \cdot 8 \cdot 7} = \frac{2}{9}$）

7　(1) $p_n = 1 - \left(\frac{2}{3}\right)^n$　　(2) $q_n = 1 - \left(\frac{2}{3}\right)^n - \left(\frac{1}{2}\right)^n + \left(\frac{1}{3}\right)^n$

8　(1) $\frac{2}{3}$　　(2) $\frac{19}{36}$　　(3) $\frac{1}{7}\left\{3 + 4\left(\frac{5}{12}\right)^n\right\}$

（ヒント：(3) 漸化式 $p_{n+1} = p_n \cdot \frac{2}{3} + (1 - p_n) \cdot \frac{1}{4}$ が成立.）

9　$\frac{27}{28}$　（ヒント：表が出る事象を A，3 人全員が「表が出た」という事象を B とすると，求める確率は $P_B(A)$）

10　(1) $n\left(\frac{1}{3}\right)^{n-1}$　　(2) $\frac{n(n-1)}{2}\left(\frac{1}{3}\right)^{n-1}$　　(3) $1 - 3\left(\frac{2}{3}\right)^n + 6\left(\frac{1}{3}\right)^n$

（ヒント：(3) n 人が 2 種類の手を出す場合の数は $3 \cdot (2^n - 2)$ 通り）

11　(1) $\frac{6}{13}$　　(2) $\frac{85}{169}$　　(3) $\frac{1}{2}\left\{1 + \left(-\frac{1}{13}\right)^n\right\}$

（ヒント：(3) 漸化式 $p_{n+1} = p_n \cdot \frac{6}{13} + (1 - p_n) \cdot \frac{7}{13}$ が成立.）

第 3 章

3.1 節　**3.1**　(1) 23　　(2) $\frac{365}{2}$

3.2　分散 $\frac{35}{12}$，標準偏差 $\frac{\sqrt{105}}{6}$

3.3　証明略　（ヒント：$E[X] = \mu$ とおくと

$$V[aX + b] = E\left[\{(aX + b) - (a\mu + b)\}^2\right] = a^2 E\left[(X - \mu)^2\right] = a^2 V[X]）$$

3.4　証明略　（ヒント：$V[Z] = V\left[\frac{X-\mu}{\sigma}\right] = \frac{1}{\sigma^2}V[X] = \frac{1}{\sigma^2}\sigma^2 = 1$）

3.5

X	0	1	2	3	4	5	6	計
確率	$\frac{1}{64}$	$\frac{6}{64}$	$\frac{15}{64}$	$\frac{20}{64}$	$\frac{15}{64}$	$\frac{6}{64}$	$\frac{1}{64}$	1

$\mu = 3,\ \sigma^2 = \frac{3}{2}$

3.6　$E[X] = 60,\ V[X] = 24,\ S[X] = 2\sqrt{6}$

3.7　0.1074

3.8　0.3751　（ヒント：$1 - P(X \leq 2)$）

3.2 節　**3.9**　(1) $k = \frac{1}{18}$　　(2) $P(-1 \leq X \leq 2) = \frac{5}{12}$

3.10　$E[X] = \frac{a+b}{2},\ V[X] = \frac{(b-a)^2}{12}$

3.11　証明略　（ヒント：$t = \frac{x-\mu}{\sqrt{2}\,\sigma}$ とおいて置換積分する．(1) では te^{-t^2} は奇関数であることを用いる．(2) では $t^2 e^{-t^2} = \frac{t}{2}(-e^{-t^2})'$ を用いて部分積分を行う．次に，極限 $\lim_{t \to \pm\infty} te^{-t^2} = 0$ を用いる．）

3.12　(1) 0.5673　　(2) 0.2857

3.13　(1) 0.6040　　(2) 1.934　　(3) 2.252

3.14　0.6578　　**3.15**　0.1469

第 3 章の解答　　　　　　　　　139

◆演習問題 A◆

1 (1)

X	3	4	5	6
確率	$\frac{2}{15}$	$\frac{4}{15}$	$\frac{6}{15}$	$\frac{3}{15}$

(2) $E[X] = \frac{14}{3}$, $V[X] = \frac{8}{9}$ （ヒント：(1)　例えば $P(X=4) = \frac{{}_1C_1 \cdot {}_3C_1 + {}_2C_2}{{}_6C_2} = \frac{1 \times 3 + 1}{15}$）

2 (1) $\frac{5}{42}$

(2)

X	1	2	3	4	5	6	7
確率	$\frac{28}{84}$	$\frac{21}{84}$	$\frac{15}{84}$	$\frac{10}{84}$	$\frac{6}{84}$	$\frac{3}{84}$	$\frac{1}{84}$

(3) $E[X] = \frac{5}{2}$, $V[X] = \frac{9}{4}$

3 (1) 0.0902　　(2) 0.6767

4 (1) $k = a$　　(2) $E[X] = \frac{1}{a}$, $V[X] = \frac{1}{a^2}$

5 $g(y) = \frac{1}{a} f\left(\frac{y-b}{a}\right)$

（ヒント：X の分布関数を $F(x)$, Y の分布関数を $G(y)$ とおくと

$$G(y) = P(Y \leq y) = P(aX + b \leq y) = P\left(X \leq \frac{y-b}{a}\right) = F\left(\frac{y-b}{a}\right)$$

これを y で微分する）

6 0.5160　（ヒント：X は二項分布 $B\left(1200, \frac{1}{4}\right)$ にしたがう．これは正規分布 $N(300, 225)$ で近似でき，$Z = \frac{X-300}{15}$ とおくと，Z は $N(0, 1)$ にしたがうとしてよい．求める確率は $P(290 \leq X \leq 310) \fallingdotseq P(289.5 \leq X \leq 310.5) = P(-0.7 \leq Z \leq 0.7)$）

7 (1) $E[X] = 60$, $V[X] = 36$　　(2) 0.1056

（ヒント：(2)　X は二項分布 $B\left(150, \frac{2}{5}\right)$ にしたがう．これは正規分布 $N(60, 36)$ で近似でき，$Z = \frac{X-60}{6}$ とおくと，Z は $N(0, 1)$ にしたがうとしてよい．求める確率は $P(X \geq 68 \,[回]) \fallingdotseq P(X \geq 67.5) = P(Z \geq 1.25)$）

◆演習問題 B◆

8 (1)

X	-3	-1	1	3
確率	$\frac{1}{8}$	$\frac{3}{8}$	$\frac{3}{8}$	$\frac{1}{8}$

(2) 0.0512

（ヒント：(2)　表の出る回数を Y とすると $X = Y + (-1)(400 - Y) = 2Y - 400$ であり，Y は二項分布 $B\left(400, \frac{1}{2}\right)$ にしたがう．$n = 400$ は大きいので $Z = \frac{Y-200}{10}$ とおくと，Z は $N(0, 1)$ にしたがうとしてよい．求める確率は

$$P(|X| \geq 40) = P(|2Y - 400| \geq 40) = P(|Y - 200| \geq 20)$$

$$\fallingdotseq P(|Y - 200| \geq 19.5) = P(|Z| \geq 1.95) = 1 - 2P(0 \leq Z \leq 1.95)$$　）

9 $E[X] = \lambda$, $V[X] = \lambda$

(ヒント：$E[X] = \displaystyle\sum_{k=0}^{\infty} kP(X=k) = \sum_{k=1}^{\infty} k \cdot \dfrac{\lambda^k}{k!} e^{-\lambda}$ であり，$\dfrac{k}{k!} = \dfrac{1}{(k-1)!}$，

$\dfrac{k^2}{k!} = \dfrac{k(k-1)+k}{k!} = \dfrac{1}{(k-2)!} + \dfrac{1}{(k-1)!}$ などを利用.)

10 証明略　(ヒント：X の確率密度関数を $f(x)$ とし，不等式 $|x-\mu| \geqq k\sigma$ の満たす実数 x の領域を I とし，その補集合を I_c とおくと

$$\sigma^2 = \int_{-\infty}^{\infty} (x-\mu)^2 f(x)\, dx = \int_I (x-\mu)^2 f(x)\, dx + \int_{I_c} (x-\mu)^2 f(x)\, dx$$

$$\geqq \int_I (x-\mu)^2 f(x)\, dx \geqq k^2\sigma^2 \int_I f(x)\, dx = k^2\sigma^2\, P(|X-\mu| \geqq k\sigma) \quad)$$

11 (1) $k = \dfrac{3\sqrt{3}}{\pi}$ 　　(2) $\dfrac{1}{2}$

(3) $E[X] = \dfrac{3\sqrt{3}}{\pi} \log 2$, $V[X] = \dfrac{9\sqrt{3}}{\pi} - 3 - \dfrac{27}{\pi^2}(\log 2)^2$

(4) $F(x) = \begin{cases} 0 & (x \leqq 0) \\ \dfrac{3}{\pi} \tan^{-1} \dfrac{x}{\sqrt{3}} & (0 \leqq x \leqq 3) \\ 1 & (x \geqq 3) \end{cases}$

12 (1) $k = \dfrac{a}{\pi}$

(2) 証明略　(ヒント：$E[X] = k \displaystyle\int_{-\infty}^{\infty} \dfrac{x}{x^2+a^2}\, dx = \dfrac{k}{2} \Big[\log(x^2+a^2)\Big]_{-\infty}^{\infty}$ が発散する.)

13 (1) $g(y) = \dfrac{1}{3\sqrt{2\pi}} e^{-\frac{(y-4)^2}{18}}$ 　　(2) $h(z) = \dfrac{1}{\sqrt{2\pi z}} e^{-\frac{z}{2}}$

(ヒント：(1) 第 3 章 演習問題 A の問題 **5** の答えより，$g(y) = \dfrac{1}{3} f\left(\dfrac{y-4}{3}\right)$

(2) 例題 3.4(4) 参照．$h(z) = \dfrac{1}{2\sqrt{z}}\Big(f(\sqrt{z}) + f(-\sqrt{z})\Big)$ 　)

第 4 章

4.1 節　**4.1**　$k = 6$,

X の周辺分布：$f_1(x) = \begin{cases} 3(x-1)^2 & (0 \leqq x \leqq 1) \\ 0 & （上記以外） \end{cases}$,

Y の周辺分布：$f_2(y) = \begin{cases} 3(y-1)^2 & (0 \leqq y \leqq 1) \\ 0 & （上記以外） \end{cases}$,

$f(x,y) \neq f_1(x)f_2(y)$ より互いに独立でない.

4.2 (1) $E[T] = \mu$, $V[T] = \dfrac{\sigma^2}{2}$

(2) $E[W] = \mu$, $V[W] = \dfrac{5}{8}\sigma^2$

(3) $E[Z] = \mu$, $V[Z] = \dfrac{\sigma^2}{3}$

第 4 章の解答　　**141**

4.3　$E[X] = \frac{21}{2}$,　$V[X] = \frac{35}{4}$

（ヒント：3 つのさいころの目をそれぞれ X_1, X_2, X_3 とすると X_1, X_2, X_3 は独立で同じ分布にしたがう．$X = X_1 + X_2 + X_3$.）

X	1	2	3
確率	$\frac{1}{6}$	$\frac{2}{6}$	$\frac{3}{6}$

4.2 節　**4.4**

$E[X] = \frac{7}{3}$, $V[X] = \frac{5}{9}$, $E[\overline{X}] = \frac{7}{3}$, $V[\overline{X}] = \frac{1}{18}$

4.5　$E[S^2] = \frac{49}{18}$, $E[U^2] = \frac{35}{12}$

4.6　(1)　0.2119　　(2)　0.2743

4.7　0.7888

4.8　0.4649

4.9　0.0228

4.3 節　**4.10**　(1)　5.229　　(2)　14.45

4.11　0.900

4.12　(1)　1.725　　(2)　2.447

4.13　(1)　0.900　　(2)　0.890

◆演習問題 A◆　**1**　(1)　$\frac{2}{5}$

(2)　独立でない．（**理由**：$P(X = 1) \cdot P(Y = 3) \neq P(X = 1, Y = 3)$　）

(3)　$E[X] = \frac{7}{5}$, $E[Y] = \frac{16}{5}$, $E[XY] = \frac{22}{5}$

(4)　$V[X] = \frac{6}{25}$, $V[Y] = \frac{4}{25}$

(5)　$\mathrm{Cov}[X, Y] = -\frac{2}{25}$,　$\rho[X, Y] = -\frac{\sqrt{6}}{6}$

2　(1)　$\frac{2}{ab}$

(2)　独立でない．（**理由**：X, Y の周辺確率密度関数は，それぞれ，$0 \leqq x \leqq a$ において $f_1(x) = \frac{2(a-x)}{a^2}$, $0 \leqq y \leqq b$ において $f_2(y) = \frac{2(b-y)}{b^2}$ であり，$f_1(x) f_2(y) \neq f(x, y)$ であるから．）

(3)　$E[X] = \frac{a}{3}$, $E[Y] = \frac{b}{3}$, $E[XY] = \frac{ab}{12} \left(= \int_0^a \int_0^{b - \frac{b}{a} x} \frac{2xy}{ab} \, dy \, dx \right)$

(4)　$V[X] = \frac{a^2}{18}$, $V[Y] = \frac{b^2}{18}$

(5)　$\mathrm{Cov}[X, Y] = -\frac{ab}{36}$, $\rho[X, Y] = -\frac{1}{2}$

3　(1)　0.3085　　(2)　0.7881

（ヒント：(1)　$X + Y$ は $N(8, 16)$ にしたがう．(2)　$3W - (X + Y)$ は $N(4, 25)$ にしたがう．）

4　0.7056　（ヒント：(1)　$\overline{X}$ は $N(28, 4)$ にしたがう．）

5　6.098

6　0.0446

142 第 5 章の解答

◆演習問題 B◆

7 0.1587 （ヒント：$5Y - 2X$ は $N(1, 49)$ にしたがう．よって，$\frac{5Y - 2X - 1}{7}$ は $N(0, 1)$ にしたがう．）

8 (1) 自由度 9 の t 分布 (2) 0.025

9 証明略（ヒント：X と Y は互いに独立なので $P(Z = r) = \sum_{k=0}^{r} P(X = k) P(Y = r - k)$ ）

10 (1) $\frac{1}{3}$

(2) 独立でない．（**理由**：X, Y の周辺確率密度関数は，それぞれ，$0 \leqq x \leqq 1$ において $f_1(x) = 2x^2 + \frac{2}{3}x$, $0 \leqq y \leqq 2$ において $f_2(y) = \frac{y+2}{6}$ であり，$f_1(x) f_2(y) \neq f(x, y)$ であるから．）

(3) $E[X] = \frac{13}{18}$, $E[Y] = \frac{10}{9}$, $E[XY] = \frac{43}{54}$

(4) $V[X] = \frac{73}{1620}$, $V[Y] = \frac{26}{81}$

(5) $\mathrm{Cov}[X, Y] = -\frac{1}{162}$, $\rho[X, Y] = -\frac{1}{2}\sqrt{\frac{10}{949}}$

11 証明略 （ヒント：$E[\overline{X}] = \mu$, $V[\overline{X}] = \frac{\sigma^2}{n}$ であるから，チェビシェフの不等式より，$P\left(|\overline{X} - \mu| \geqq k\sqrt{\frac{\sigma^2}{n}} \right) \leqq \frac{1}{k^2}$ が成り立つ．$k\sqrt{\frac{\sigma^2}{n}} = \varepsilon$ とおくと $P(|\overline{X} - \mu| \geqq \varepsilon) \leqq \frac{\sigma^2}{n\varepsilon^2}$ が成り立つ．）

12 (1) $g(y) = 2f(y)F(y)$ (2) $g(y) = 2\alpha e^{-\alpha y}(1 - e^{-\alpha y})$

（ヒント：(1) Y の累積分布関数を $G(y)$ とおくと，

$$G(y) = P(Y \leqq y) = P(X_1 \leqq y) \cdot P(X_2 \leqq y) = F(y) \cdot F(y) = \{F(y)\}^2$$

となる．これを y で微分． (2) $F(y) = 1 - e^{-\alpha y}$ ）

第 5 章

| 5.1 節 | **5.1** 平均 155.3 [g]，分散 49.79 [g^2]

5.2 95% 信頼区間：$5.004 \leqq \mu \leqq 5.396$，99% 信頼区間：$4.942 \leqq \mu \leqq 5.458$

5.3 $58.45 \leqq \mu \leqq 61.55$

5.4 95% 信頼区間：$1.56 \leqq \sigma^2 \leqq 14.79$，99% 信頼区間：$1.23 \leqq \sigma^2 \leqq 25.26$

5.5 (1) 95% 信頼区間：$0.284 \leqq p \leqq 0.416$ (2) 601 人以上

| 5.2 節 |

5.6 $\mathrm{H}_0 : \mu = 170$, $\mathrm{H}_1 : \mu \neq 170$，棄却域：$|z| > z(0.025) = 1.960$，実現値：$z = -1.6$
H_0 は棄却できない．よって $\mu = 170$ でないとはいえない．

5.7 $\mathrm{H}_0 : \mu = 63.6$, $\mathrm{H}_1 : \mu > 63.6$，実現値：$z = 2.0$
● 有意水準 5% のとき，棄却域：$z > z(0.05) = 1.645$，H_0 は棄却される．よって，良くなったといえる．

第 5 章の解答　　**143**

● 有意水準 1% のとき，棄却域：$z > z(0.01) = 2.326$，H_0 は棄却できない．よって，良くなったといえない．

5.8　$H_0 : \mu = 79$, $H_1 : \mu > 79$

棄却域：$t > t_9(0.10) = 1.833$，実現値：$t = 2.751$

H_0 は棄却される．よって，中身は増えたといえる．

5.9　$H_0 : \mu = 38$, $H_1 : \mu < 38$

棄却域：$z < -z(0.05) = -1.645$，実現値：$z = \dfrac{37.3 - 38}{\sqrt{\frac{8.91}{99}}} = -2.333$

H_0 は棄却される．よって，母平均は 38 より小さいといえる．

（ヒント：$\overline{X}$ は正規分布 $N\left(\mu, \dfrac{u^2}{n}\right)$ にしたがうと考える．$\dfrac{u^2}{n} = \dfrac{s^2}{n-1}$）

5.10　$H_0 : p = \frac{1}{6}$, $H_1 : p \neq \frac{1}{6}$

棄却域：$|z| > z(0.025) = 1.960$，実現値：$z = 0.6971$

H_0 は棄却できない．よって，$p = \frac{1}{6}$ でないとはいえない．

5.11　$H_0 : \sigma = 0.015$, $H_1 : \sigma < 0.015$

棄却域：$\chi^2 < \chi^2_{19}(0.95) = 10.12$，実現値：$\chi^2 = 15.022$

H_0 は棄却できない．よって，分散は小さくなったといえない．

5.12　H_0：メンデルの法則が成立する，　　H_1：メンデルの法則が成立しない

棄却域：$\chi^2 > \chi^2_3(0.05) = 7.815$，実現値：$\chi^2 = 5.493$

H_0 は棄却されない．よって，メンデルの法則が成立していないとはいえない．

5.13　H_0：A 議員への支持と性別は無関係，　　H_1：無関係でない

棄却域：$\chi^2 > \chi^2_1(0.05) = 3.841$，実現値：$\chi^2 = 2.089$

H_0 は棄却されない．よって，A 議員への支持と性別は関係あるとはいえない．

◆**演習問題 A**◆　**1**　$19.41 \leqq \mu \leqq 21.19$

2　(1)　$61.67\,[\text{g}]$　　(2)　$5.56\,[\text{g}^2]$　　(3)　$58.96 \leqq \mu \leqq 64.38$

(4)　$2.56 \leqq \sigma^2 \leqq 40.10$

3　$0.504 \leqq p \leqq 0.696$

4　$H_0 : \mu = 1.03$, $H_1 : \mu \neq 1.03$

棄却域：$|z| \geqq z(0.025) = 1.960$，実現値：$z = 1.46$

H_0 は棄却できない．よって，$\mu = 1.03$ でないとはいえない．

5　$H_0 : \sigma^2 = 2.1$, $H_1 : \sigma^2 < 2.1$

棄却域：$\chi^2 < \chi^2_{50}(0.95) = 34.76$，実現値：$\chi^2 = 31.57$

H_0 は棄却される．よって，分散は小さくなったといえる．

6　$H_0 : p = 0.5$, $H_1 : p \neq 0.5$

棄却域：$|z| \geqq z(0.025) = 1.960$，実現値：$z = -1.6$

H_0 は棄却できない．よって，$p = 0.5$ でないとはいえない．

◆**演習問題 B**◆　**7**　(1)　$a_1 + a_2 + a_3 = 1$

(2)　$a_1 = a_2 = a_3 = \frac{1}{3}$

144 補章の解答

（ヒント：(1) $E[Y] = \mu$

(2) $V[Y] = (a_1^2 + a_2^2 + a_3^2) \cdot \sigma^2$ であるが，シュワルツの不等式より，

$$(a_1^2 + a_2^2 + a_3^2)(1^2 + 1^2 + 1^2) \geqq (a_1 \cdot 1 + a_2 \cdot 1 + a_3 \cdot 1)^2 = 1^2 = 1$$

よって，$a_1^2 + a_2^2 + a_3^2 \geqq \frac{1}{3}$ が成立．$V[Y]$ は $a_1 = a_2 = a_3 = \frac{1}{3}$ のとき，最小値 $\frac{\sigma^2}{3}$ をとる．）

8 H_0：電子さいころは正常，H_1：電子さいころは異常

棄却域：$\chi^2 \geqq \chi_4^2(0.05) = 9.488$，実現値：$\chi^2 = 3.8$

H_0 は棄却されない．よって，有意水準 5% で電子さいころは正常でないとはいえない．

9 H_0：麺類の好みは年代に無関係，H_1：麺類の好みは年代に関係がある．実現値：$\chi^2 = 10.888$

● 有意水準が 5% のとき，棄却域は $\chi^2 \geqq \chi_4^2(0.05) = 9.488$ であるから，H_0 は棄却される．

よって，麺類の好みは年代に関係あるといえる．

● 有意水準が 1% のとき，棄却域は $\chi^2 \geqq \chi_4^2(0.01) = 13.28$ であるから，H_0 は棄却されない．

よって，麺類の好みは年代に関係あるとはいえない．

10 H_0：硬貨は 4 枚とも正常，H_1：少なくとも 1 枚は異常

棄却域：$\chi^2 \geqq \chi_4^2(0.05) = 9.488$，実現値：$\chi^2 = 5.8$

H_0 は棄却されない．よって，有意水準 5% で硬貨は「4 枚とも正常」でないとはいえない．

（ヒント：硬貨が 4 枚とも正常なとき，表の出る枚数は二項分布と同じ分布にしたがうので，表の枚数の出る比率は枚数の小さい方から，$1:4:6:4:1$ となる．）

補　章

A.3 節 **A.1** (1) 5.96 (2) 5.60 (3) 0.198

A.2 $x = 4.10$, $y = 0.297$

A.4 節 **A.3** H_0：母分散が等しい，H_1：母分散に差がある

棄却域：$f \leqq F_{8,5}(0.975) = 0.207$，$F_{8,5}(0.025) = 6.76 \leqq f$，実現値：$f = 2.154$

H_0 は棄却できない．よって，母分散に差があるとはいえない．

（注意：等分散の検定）

A.4 H_0：母平均が等しい，H_1：母平均に差がある

棄却域：$|z| \geqq z(0.025) = 1.960$，実現値：$z = 4.564$

H_0 は棄却される．よって，母平均に差があるといってよい．

（注意：母平均の差の検定，母分散既知）

A.5 H_0：母平均が等しい，H_1：母平均に差がある

棄却域：$|z| \geqq z(0.025) = 1.960$，実現値：$z = -4.160$

H_0 は棄却される．よって，母平均に差があるといってよい．

（注意：母平均の差の検定，母分散未知，大標本）

A.6 (1) H_0：母分散が等しい，H_1：母分散に差がある

棄却域：$f \leqq 0.277$，$4.67 \leqq f$，実現値：$f = 3.792$

H_0 は棄却できない．よって，母分散に差があるとはいえない．

補章の解答　**145**

（**注意**：等分散の検定）

(2) H_0：母平均が等しい，H_1：母平均に差がある

棄却域：$|t| \geqq t_{19}(0.05) = 2.093$，実現値：$t = -2.505$

H_0 は棄却される．よって，母平均に差があるといってよい．

（**注意**：母平均の差の検定，母分散未知，等分散 $\Longrightarrow$ t 検定）

A.7 (1)　H_0：母分散が等しい，H_1：母分散に差がある

棄却域：$f \leqq 0.352$，$3.67 \leqq f$，実現値：$f = 0.195$

H_0 は棄却される．よって，母分散に差があるといえる．

（**注意**：等分散の検定）

(2) H_0：母平均が等しい，H_1：母平均に差がある

ウェルチの検定をする．自由度 $\phi = 10.709 \fallingdotseq 11$，棄却域：$|t| \geqq t_{11}(0.05) = 2.201$，

実現値：$t = -1.826$

H_0 は棄却されない．よって，母平均に差があるとはいえない．

（**注意**：母平均の差の検定，母分散未知，等分散でない $\Longrightarrow$ ウェルチの検定）

A.8　H_0：血圧が変化しない，H_1：血圧が降下した

左片側 t 検定，棄却域：$t \leqq -t_7(0.10) = -1.895$，実現値：$t = -1.491$

H_0 は棄却されない．よって，新薬の効果があったとはいえない．

（**注意**：対データの母平均の差の検定）

A.5 節　**A.9**　(1)　$\phi_1(\theta) = e^{\mu_1\theta + \frac{1}{2}\sigma_1^2\theta^2}$，$\phi_1(a_1\theta) = e^{\mu_1 a_1\theta + \frac{1}{2}\sigma_1^2 a_1^2\theta^2}$

(2)　証明略　（**ヒント**：X_2 の積率母関数を $\phi_2(\theta)$ とし，$a_1X_1 + a_2X_2 + b$ の積率母関数を $\phi(\theta)$ とおくと

$$\phi(\theta) = e^{b\theta}\phi_1(a_1\theta)\phi_2(a_2\theta)$$

この式が $N(a_1\mu_1 + a_2\mu_2 + b,\ a_1^2\sigma_1^2 + a_2^2\sigma_2^2)$ の積率母関数に一致することを確かめる．）

A.10　(1)　$\left(1 - \frac{\theta}{\alpha}\right)^{-\lambda}$

(2)　$(1 - 2\theta)^{-\frac{n}{2}}$

(3)　証明略　（**ヒント**：X の積率母関数を $\phi_X(\theta)$ のようにかくと

$$\phi_{X+Y}(\theta) = \phi_X(\theta) \cdot \phi_Y(\theta) = (1 - 2\theta)^{-\frac{m}{2}} \cdot (1 - 2\theta)^{-\frac{n}{2}} = (1 - 2\theta)^{-\frac{m+n}{2}}$$

A.7 節　**A.11**　$\overline{X}$　（**ヒント**：標本の値を $x_1, \ldots, x_n$ とおき，尤度関数を $L = L(\lambda)$ とおくと $\log L = (x_1 + \cdots + x_n)\log\lambda - n\lambda - \log(x_1! \cdot x_2! \cdots x_n!)$　）

A.12　$\dfrac{1}{\overline{X}}$　（**ヒント**：標本の値を $x_1, \ldots, x_n$ とおき，尤度関数を $L = L(\lambda)$ とおくと $\log L = n\log\alpha - (x_1 + \cdots + x_n)\alpha$）

◆演習問題 A◆　**1**　証明略　（**ヒント**：$f(x)$ は x の偶関数であることに注意．$\left(1 + \frac{x^2}{n}\right)^{-1} = t$ とおくと，ベータ関数の定義の式が出てくる．）

2　証明略　（**ヒント**：$t = \frac{n}{mx+n}$ とおくと，ベータ関数の定義の式が出てくる．）

3　$\frac{\alpha}{\alpha-\theta}$　$(\theta < \alpha)$　（**注意**：$\theta < \alpha$ の範囲で存在する．）

146   補章の解答

4 (1) $C = \frac{\alpha}{2}$

(2) $\frac{\alpha^2}{\alpha^2 - \theta^2}$ $(-\alpha < \theta < \alpha)$

(3) $E[X] = 0, V[X] = \frac{2}{\alpha^2}$

（ヒント：(3) $\frac{1}{1-x} = 1 + x + x^2 + \cdots$ を利用してもよい.）

(4) 証明略 （ヒント：X の積率母関数を $\phi_X(\theta)$ とかくと積率母関数の性質より

$$\phi_{X-Y}(\theta) = \phi_{X+(-Y)}(\theta) = \phi_X(\theta) \cdot \phi_{-Y}(\theta) = \phi_X(\theta) \cdot \phi_Y(-\theta) = \frac{\alpha}{\alpha - \theta} \cdot \frac{\alpha}{\alpha + \theta}$$ ）

◆**演習問題 B**◆ **5** $(1 - 2\theta)^{-\frac{n}{2}}$, $E[X] = n, V[X] = 2n$

（ヒント：積率母関数の計算で $\frac{1-2\theta}{2}x = t$ と変数変換する.）

6 $\overline{X}$ （ヒント：標本の値を $x_1, \ldots, x_n$ とおき，尤度関数を $L = L(p)$ とおく.

$$P(X = x_i) = p^{x_i}(1-p)^{1-x_i}$$

であるから，

$$\log L = (x_1 + \cdots + x_n)\log p + \{n - (x_1 + \cdots + x_n)\}\log(1-p)$$ ）

7 $\frac{1}{1 + \overline{X}}$ （ヒント：標本の値を $x_1, \ldots, x_n$ とおき，尤度関数を $L = L(p)$ とおく.

$$\log L = n\log p + (x_1 + \cdots + x_n)\log(1-p)$$ ）

8 (1) 等分散の検定を行う.

H_0：バラつきに差がない，H_1：重さのバラつきに差がある

棄却域：$f \leqq 0.146, 5.29 \leqq f$，実現値：$f = 0.587$

H_0 は棄却できない. よって，トマトの重さのバラつきに差があるとはいえない.

(2) 等分散の仮定で右片側 t 検定を行う.

$H_0 : \mu_A = \mu_B, H_1 : \mu_A > \mu_B$

棄却域：$t \geqq t_{12}(0.10) = 1.782$，実現値：$t = 0.757$

H_0 は棄却されない. よって，有意水準 5% では，農家 A の出荷するトマトの方が農家 B の出荷するトマトより平均的に重いといえない.

9 $g(z) = \dfrac{n^{\frac{n}{2}}}{2^{\frac{n}{2}-1}\Gamma\left(\dfrac{n}{2}\right)} z^{n-1} e^{-\frac{n+z^2}{2}t^2}$

（ヒント：$Z = \sqrt{\dfrac{X}{n}}$ は X の単調増加関数. $X > 0$ の部分と $Z > 0$ の部分が $1:1$ に対応する. X の確率密度関数を $f(x)$，Z の確率密度関数を $g(z)$ とすると，$f(x)\,dx = g(z)\,dz$ より，$g(z) = f(x)\dfrac{dx}{dz}$ が成り立つ. $x = nz^2$ より，$g(z) = 2nzf(nz^2)$ が成り立つ.）

10 $h(z) = \dfrac{1}{\sqrt{n}\,B\left(\dfrac{1}{2}, \dfrac{n}{2}\right)}\left(1 + \dfrac{z^2}{n}\right)^{-\frac{n+1}{2}}$

（ヒント：$y < 0$ で $g(y) = 0$ に注意すると

補章の解答　　　　**147**

$$h(z) = \int_0^\infty f(zt)g(t)t\,dt = \frac{n^{\frac{n}{2}}}{\sqrt{2\pi}\,2^{\frac{n}{2}-1}\Gamma\left(\dfrac{n}{2}\right)} \int_0^\infty t^n e^{-\frac{n+z^2}{2}t^2}\,dt$$

ここで，$\dfrac{n+z^2}{2} = \alpha$ とおくと $\displaystyle\int_0^\infty t^n e^{-\alpha t^2}\,dt = \frac{1}{2}\alpha^{-\frac{n+1}{2}}\Gamma\left(\frac{n+1}{2}\right)$ となる.)

付　表

付表1　標準正規分布表

$$P(0 \leqq Z \leqq z) = \frac{1}{\sqrt{2\pi}} \int_0^z e^{-\frac{x^2}{2}} dx \text{ の値}$$

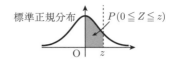

z	0.00	0.01	0.02	0.03	0.04	0.05	0.06	0.07	0.08	0.09
0.0	0.0000	0.0040	0.0080	0.0120	0.0160	0.0199	0.0239	0.0279	0.0319	0.0359
0.1	0.0398	0.0438	0.0478	0.0517	0.0557	0.0596	0.0636	0.0675	0.0714	0.0753
0.2	0.0793	0.0832	0.0871	0.0910	0.0948	0.0987	0.1026	0.1064	0.1103	0.1141
0.3	0.1179	0.1217	0.1255	0.1293	0.1331	0.1368	0.1406	0.1443	0.1480	0.1517
0.4	0.1554	0.1591	0.1628	0.1664	0.1700	0.1736	0.1772	0.1808	0.1844	0.1879
0.5	0.1915	0.1950	0.1985	0.2019	0.2054	0.2088	0.2123	0.2157	0.2190	0.2224
0.6	0.2257	0.2291	0.2324	0.2357	0.2389	0.2422	0.2454	0.2486	0.2517	0.2549
0.7	0.2580	0.2611	0.2642	0.2673	0.2704	0.2734	0.2764	0.2794	0.2823	0.2852
0.8	0.2881	0.2910	0.2939	0.2967	0.2995	0.3023	0.3051	0.3078	0.3106	0.3133
0.9	0.3159	0.3186	0.3212	0.3238	0.3264	0.3289	0.3315	0.3340	0.3365	0.3389
1.0	0.3413	0.3438	0.3461	0.3485	0.3508	0.3531	0.3554	0.3577	0.3599	0.3621
1.1	0.3643	0.3665	0.3686	0.3708	0.3729	0.3749	0.3770	0.3790	0.3810	0.3830
1.2	0.3849	0.3869	0.3888	0.3907	0.3925	0.3944	0.3962	0.3980	0.3997	0.4015
1.3	0.4032	0.4049	0.4066	0.4082	0.4099	0.4115	0.4131	0.4147	0.4162	0.4177
1.4	0.4192	0.4207	0.4222	0.4236	0.4251	0.4265	0.4279	0.4292	0.4306	0.4319
1.5	0.4332	0.4345	0.4357	0.4370	0.4382	0.4394	0.4406	0.4418	0.4429	0.4441
1.6	0.4452	0.4463	0.4474	0.4484	0.4495	0.4505	0.4515	0.4525	0.4535	0.4545
1.7	0.4554	0.4564	0.4573	0.4582	0.4591	0.4599	0.4608	0.4616	0.4625	0.4633
1.8	0.4641	0.4649	0.4656	0.4664	0.4671	0.4678	0.4686	0.4693	0.4699	0.4706
1.9	0.4713	0.4719	0.4726	0.4732	0.4738	0.4744	0.4750	0.4756	0.4761	0.4767
2.0	0.4772	0.4778	0.4783	0.4788	0.4793	0.4798	0.4803	0.4808	0.4812	0.4817
2.1	0.4821	0.4826	0.4830	0.4834	0.4838	0.4842	0.4846	0.4850	0.4854	0.4857
2.2	0.4861	0.4864	0.4868	0.4871	0.4875	0.4878	0.4881	0.4884	0.4887	0.4890
2.3	0.4893	0.4896	0.4898	0.4901	0.4904	0.4906	0.4909	0.4911	0.4913	0.4916
2.4	0.4918	0.4920	0.4922	0.4925	0.4927	0.4929	0.4931	0.4932	0.4934	0.4936
2.5	0.49379	0.49396	0.49413	0.49430	0.49446	0.49461	0.49477	0.49492	0.49506	0.49520
2.6	0.49534	0.49547	0.49560	0.49573	0.49585	0.49598	0.49609	0.49621	0.49632	0.49643
2.7	0.49653	0.49664	0.49674	0.49683	0.49693	0.49702	0.49711	0.49720	0.49728	0.49736
2.8	0.49744	0.49752	0.49760	0.49767	0.49774	0.49781	0.49788	0.49795	0.49801	0.49807
2.9	0.49813	0.49819	0.49825	0.49831	0.49836	0.49841	0.49846	0.49851	0.49856	0.49861
3.0	0.49865	0.49869	0.49874	0.49878	0.49882	0.49886	0.49889	0.49893	0.49896	0.49900
3.1	0.49903	0.49906	0.49910	0.49913	0.49916	0.49918	0.49921	0.49924	0.49926	0.49929
3.2	0.49931	0.49934	0.49936	0.49938	0.49940	0.49942	0.49944	0.49946	0.49948	0.49950
3.3	0.49952	0.49953	0.49955	0.49957	0.49958	0.49960	0.49961	0.49962	0.49964	0.49965
3.4	0.49966	0.49968	0.49969	0.49970	0.49971	0.49972	0.49973	0.49974	0.49975	0.49976

付表 2 標準正規分布の逆分布表

$$P(0 \leqq Z \leqq z) = \frac{1}{\sqrt{2\pi}} \int_0^z e^{-\frac{x^2}{2}} dx = \alpha \text{ となる } z \text{ の値}$$

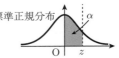

α	0.000	0.001	0.002	0.003	0.004	0.005	0.006	0.007	0.008	0.009
0.00	0.0000	0.0025	0.0050	0.0075	0.0100	0.0125	0.0150	0.0175	0.0201	0.0226
0.01	0.0251	0.0276	0.0301	0.0326	0.0351	0.0376	0.0401	0.0426	0.0451	0.0476
0.02	0.0502	0.0527	0.0552	0.0577	0.0602	0.0627	0.0652	0.0677	0.0702	0.0728
0.03	0.0753	0.0778	0.0803	0.0828	0.0853	0.0878	0.0904	0.0929	0.0954	0.0979
0.04	0.1004	0.1030	0.1055	0.1080	0.1105	0.1130	0.1156	0.1181	0.1206	0.1231
0.05	0.1257	0.1282	0.1307	0.1332	0.1358	0.1383	0.1408	0.1434	0.1459	0.1484
0.06	0.1510	0.1535	0.1560	0.1586	0.1611	0.1637	0.1662	0.1687	0.1713	0.1738
0.07	0.1764	0.1789	0.1815	0.1840	0.1866	0.1891	0.1917	0.1942	0.1968	0.1993
0.08	0.2019	0.2045	0.2070	0.2096	0.2121	0.2147	0.2173	0.2198	0.2224	0.2250
0.09	0.2275	0.2301	0.2327	0.2353	0.2378	0.2404	0.2430	0.2456	0.2482	0.2508
0.10	0.2533	0.2559	0.2585	0.2611	0.2637	0.2663	0.2689	0.2715	0.2741	0.2767
0.11	0.2793	0.2819	0.2845	0.2871	0.2898	0.2924	0.2950	0.2976	0.3002	0.3029
0.12	0.3055	0.3081	0.3107	0.3134	0.3160	0.3186	0.3213	0.3239	0.3266	0.3292
0.13	0.3319	0.3345	0.3372	0.3398	0.3425	0.3451	0.3478	0.3505	0.3531	0.3558
0.14	0.3585	0.3611	0.3638	0.3665	0.3692	0.3719	0.3745	0.3772	0.3799	0.3826
0.15	0.3853	0.3880	0.3907	0.3934	0.3961	0.3989	0.4016	0.4043	0.4070	0.4097
0.16	0.4125	0.4152	0.4179	0.4207	0.4234	0.4261	0.4289	0.4316	0.4344	0.4372
0.17	0.4399	0.4427	0.4454	0.4482	0.4510	0.4538	0.4565	0.4593	0.4621	0.4649
0.18	0.4677	0.4705	0.4733	0.4761	0.4789	0.4817	0.4845	0.4874	0.4902	0.4930
0.19	0.4959	0.4987	0.5015	0.5044	0.5072	0.5101	0.5129	0.5158	0.5187	0.5215
0.20	0.5244	0.5273	0.5302	0.5330	0.5359	0.5388	0.5417	0.5446	0.5476	0.5505
0.21	0.5534	0.5563	0.5592	0.5622	0.5651	0.5681	0.5710	0.5740	0.5769	0.5799
0.22	0.5828	0.5858	0.5888	0.5918	0.5948	0.5978	0.6008	0.6038	0.6068	0.6098
0.23	0.6128	0.6158	0.6189	0.6219	0.6250	0.6280	0.6311	0.6341	0.6372	0.6403
0.24	0.6433	0.6464	0.6495	0.6526	0.6557	0.6588	0.6620	0.6651	0.6682	0.6713
0.25	0.6745	0.6776	0.6808	0.6840	0.6871	0.6903	0.6935	0.6967	0.6999	0.7031
0.26	0.7063	0.7095	0.7128	0.7160	0.7192	0.7225	0.7257	0.7290	0.7323	0.7356
0.27	0.7388	0.7421	0.7454	0.7488	0.7521	0.7554	0.7588	0.7621	0.7655	0.7688
0.28	0.7722	0.7756	0.7790	0.7824	0.7858	0.7892	0.7926	0.7961	0.7995	0.8030
0.29	0.8064	0.8099	0.8134	0.8169	0.8204	0.8239	0.8274	0.8310	0.8345	0.8381
0.30	0.8416	0.8452	0.8488	0.8524	0.8560	0.8596	0.8633	0.8669	0.8705	0.8742
0.31	0.8779	0.8816	0.8853	0.8890	0.8927	0.8965	0.9002	0.9040	0.9078	0.9116
0.32	0.9154	0.9192	0.9230	0.9269	0.9307	0.9346	0.9385	0.9424	0.9463	0.9502
0.33	0.9542	0.9581	0.9621	0.9661	0.9701	0.9741	0.9782	0.9822	0.9863	0.9904
0.34	0.9945	0.9986	1.003	1.007	1.011	1.015	1.019	1.024	1.028	1.032
0.35	1.036	1.041	1.045	1.049	1.054	1.058	1.063	1.067	1.071	1.076
0.36	1.080	1.085	1.089	1.094	1.098	1.103	1.108	1.112	1.117	1.122
0.37	1.126	1.131	1.136	1.141	1.146	1.150	1.155	1.160	1.165	1.170
0.38	1.175	1.180	1.185	1.190	1.195	1.200	1.206	1.211	1.216	1.221
0.39	1.227	1.232	1.237	1.243	1.248	1.254	1.259	1.265	1.270	1.276
0.40	1.282	1.287	1.293	1.299	1.305	1.311	1.317	1.323	1.329	1.335
0.41	1.341	1.347	1.353	1.359	1.366	1.372	1.379	1.385	1.392	1.398
0.42	1.405	1.412	1.419	1.426	1.433	1.440	1.447	1.454	1.461	1.468
0.43	1.476	1.483	1.491	1.499	1.506	1.514	1.522	1.530	1.538	1.546
0.44	1.555	1.563	1.572	1.580	1.589	1.598	1.607	1.616	1.626	1.635
0.45	1.645	1.655	1.665	1.675	1.685	1.695	1.706	1.717	1.728	1.739
0.46	1.751	1.762	1.774	1.787	1.799	1.812	1.825	1.838	1.852	1.866
0.47	1.881	1.896	1.911	1.927	1.943	1.960	1.977	1.995	2.014	2.034
0.48	2.054	2.075	2.097	2.120	2.144	2.170	2.197	2.226	2.257	2.290
0.49	2.326	2.366	2.409	2.457	2.512	2.576	2.652	2.748	2.878	3.090

付表3 χ^2 分布表

$P(\chi^2 \geqq \chi_n^2(\alpha)) = \alpha$ となる $\chi_n^2(\alpha)$ の値

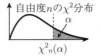

α \ n	0.995	0.990	0.975	0.950	0.900	0.500	0.100	0.050	0.025	0.010	0.005
1	$0.0^4 393$	$0.0^3 157$	$0.0^3 982$	$0.0^2 393$	0.0158	0.4549	2.706	3.841	5.024	6.635	7.879
2	0.0100	0.0201	0.0506	0.1026	0.2107	1.386	4.605	5.991	7.378	9.210	10.60
3	0.0717	0.1148	0.2158	0.3518	0.5844	2.366	6.251	7.815	9.348	11.34	12.84
4	0.2070	0.2971	0.4844	0.7107	1.064	3.357	7.779	9.488	11.14	13.28	14.86
5	0.4117	0.5543	0.8312	1.145	1.610	4.351	9.236	11.07	12.83	15.09	16.75
6	0.6757	0.8721	1.237	1.635	2.204	5.348	10.64	12.59	14.45	16.81	18.55
7	0.9893	1.239	1.690	2.167	2.833	6.346	12.02	14.07	16.01	18.48	20.28
8	1.344	1.646	2.180	2.733	3.490	7.344	13.36	15.51	17.53	20.09	21.95
9	1.735	2.088	2.700	3.325	4.168	8.343	14.68	16.92	19.02	21.67	23.59
10	2.156	2.558	3.247	3.940	4.865	9.342	15.99	18.31	20.48	23.21	25.19
11	2.603	3.053	3.816	4.575	5.578	10.34	17.28	19.68	21.92	24.72	26.76
12	3.074	3.571	4.404	5.226	6.304	11.34	18.55	21.03	23.34	26.22	28.30
13	3.565	4.107	5.009	5.892	7.042	12.34	19.81	22.36	24.74	27.69	29.82
14	4.075	4.660	5.629	6.571	7.790	13.34	21.06	23.68	26.12	29.14	31.32
15	4.601	5.229	6.262	7.261	8.547	14.34	22.31	25.00	27.49	30.58	32.80
16	5.142	5.812	6.908	7.962	9.312	15.34	23.54	26.30	28.85	32.00	34.27
17	5.697	6.408	7.564	8.672	10.09	16.34	24.77	27.59	30.19	33.41	35.72
18	6.265	7.015	8.231	9.390	10.86	17.34	25.99	28.87	31.53	34.81	37.16
19	6.844	7.633	8.907	10.12	11.65	18.34	27.20	30.14	32.85	36.19	38.58
20	7.434	8.260	9.591	10.85	12.44	19.34	28.41	31.41	34.17	37.57	40.00
21	8.034	8.897	10.28	11.59	13.24	20.34	29.62	32.67	35.48	38.93	41.40
22	8.643	9.542	10.98	12.34	14.04	21.34	30.81	33.92	36.78	40.29	42.80
23	9.260	10.20	11.69	13.09	14.85	22.34	32.01	35.17	38.08	41.64	44.18
24	9.886	10.86	12.40	13.85	15.66	23.34	33.20	36.42	39.36	42.98	45.56
25	10.52	11.52	13.12	14.61	16.47	24.34	34.38	37.65	40.65	44.31	46.93
26	11.16	12.20	13.84	15.38	17.29	25.34	35.56	38.89	41.92	45.64	48.29
27	11.81	12.88	14.57	16.15	18.11	26.34	36.74	40.11	43.19	46.96	49.64
28	12.46	13.56	15.31	16.93	18.94	27.34	37.92	41.34	44.46	48.28	50.99
29	13.12	14.26	16.05	17.71	19.77	28.34	39.09	42.56	45.72	49.59	52.34
30	13.79	14.95	16.79	18.49	20.60	29.34	40.26	43.77	46.98	50.89	53.67
40	20.71	22.16	24.43	26.51	29.05	39.34	51.81	55.76	59.34	63.69	66.77
50	27.99	29.71	32.36	34.76	37.69	49.33	63.17	67.50	71.42	76.15	79.49
60	35.53	37.48	40.48	43.19	46.46	59.33	74.40	79.08	83.30	88.38	91.95
70	43.28	45.44	48.76	51.74	55.33	69.33	85.53	90.53	95.02	100.4	104.2
80	51.17	53.54	57.15	60.39	64.28	79.33	96.58	101.9	106.6	112.3	116.3
90	59.20	61.75	65.65	69.13	73.29	89.33	107.6	113.1	118.1	124.1	128.3
100	67.33	70.06	74.22	77.93	82.36	99.33	118.5	124.3	129.6	135.8	140.2

付表4 t 分布表

$P(|T| \geqq t_n(\alpha)) = \alpha$ となる $t_n(\alpha)$ の値

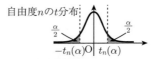

n \ α	0.500	0.400	0.300	0.200	0.100	0.050	0.020	0.010	0.001
1	1.000	1.376	1.963	3.078	6.314	12.71	31.82	63.66	636.6
2	0.816	1.061	1.386	1.886	2.920	4.303	6.965	9.925	31.60
3	0.765	0.978	1.250	1.638	2.353	3.182	4.541	5.841	12.92
4	0.741	0.941	1.190	1.533	2.132	2.776	3.747	4.604	8.610
5	0.727	0.920	1.156	1.476	2.015	2.571	3.365	4.032	6.869
6	0.718	0.906	1.134	1.440	1.943	2.447	3.143	3.707	5.959
7	0.711	0.896	1.119	1.415	1.895	2.365	2.998	3.499	5.408
8	0.706	0.889	1.108	1.397	1.860	2.306	2.896	3.355	5.041
9	0.703	0.883	1.100	1.383	1.833	2.262	2.821	3.250	4.781
10	0.700	0.879	1.093	1.372	1.812	2.228	2.764	3.169	4.587
11	0.697	0.876	1.088	1.363	1.796	2.201	2.718	3.106	4.437
12	0.695	0.873	1.083	1.356	1.782	2.179	2.681	3.055	4.318
13	0.694	0.870	1.079	1.350	1.771	2.160	2.650	3.012	4.221
14	0.692	0.868	1.076	1.345	1.761	2.145	2.624	2.977	4.140
15	0.691	0.866	1.074	1.341	1.753	2.131	2.602	2.947	4.073
16	0.690	0.865	1.071	1.337	1.746	2.120	2.583	2.921	4.015
17	0.689	0.863	1.069	1.333	1.740	2.110	2.567	2.898	3.965
18	0.688	0.862	1.067	1.330	1.734	2.101	2.552	2.878	3.922
19	0.688	0.861	1.066	1.328	1.729	2.093	2.539	2.861	3.883
20	0.687	0.860	1.064	1.325	1.725	2.086	2.528	2.845	3.850
21	0.686	0.859	1.063	1.323	1.721	2.080	2.518	2.831	3.819
22	0.686	0.858	1.061	1.321	1.717	2.074	2.508	2.819	3.792
23	0.685	0.858	1.060	1.319	1.714	2.069	2.500	2.807	3.768
24	0.685	0.857	1.059	1.318	1.711	2.064	2.492	2.797	3.745
25	0.684	0.856	1.058	1.316	1.708	2.060	2.485	2.787	3.725
26	0.684	0.856	1.058	1.315	1.706	2.056	2.479	2.779	3.707
27	0.684	0.855	1.057	1.314	1.703	2.052	2.473	2.771	3.690
28	0.683	0.855	1.056	1.313	1.701	2.048	2.467	2.763	3.674
29	0.683	0.854	1.055	1.311	1.699	2.045	2.462	2.756	3.659
30	0.683	0.854	1.055	1.310	1.697	2.042	2.457	2.750	3.646
40	0.681	0.851	1.050	1.303	1.684	2.021	2.423	2.704	3.551
50	0.679	0.849	1.047	1.299	1.676	2.009	2.403	2.678	3.496
60	0.679	0.848	1.045	1.296	1.671	2.000	2.390	2.660	3.460
70	0.678	0.847	1.044	1.294	1.667	1.994	2.381	2.648	3.435
80	0.678	0.846	1.043	1.292	1.664	1.990	2.374	2.639	3.416
90	0.677	0.846	1.042	1.291	1.662	1.987	2.368	2.632	3.402
100	0.677	0.845	1.042	1.290	1.660	1.984	2.364	2.626	3.390
∞	0.674	0.842	1.036	1.282	1.645	1.960	2.326	2.576	3.291

付表 5-1　F 分布表

$P(F \geq F_{m,n}(\alpha)) = \alpha$ となる $F_{m,n}(\alpha)$ の値　$(\alpha = 0.05)$

m / n	1	2	3	4	5	6	7	8	9	10	12	15	20	24	30	40	50	100	∞
1	161.4	199.5	215.7	224.6	230.2	234.0	236.8	238.9	240.5	241.9	243.9	245.9	248.0	249.1	250.1	251.1	251.8	253.0	254.3
2	18.51	19.00	19.16	19.25	19.30	19.33	19.35	19.37	19.38	19.40	19.41	19.43	19.45	19.45	19.46	19.47	19.48	19.49	19.50
3	10.13	9.55	9.28	9.12	9.01	8.94	8.89	8.85	8.81	8.79	8.74	8.70	8.66	8.64	8.62	8.59	8.58	8.55	8.53
4	7.71	6.94	6.59	6.39	6.26	6.16	6.09	6.04	6.00	5.96	5.91	5.86	5.80	5.77	5.75	5.72	5.70	5.66	5.63
5	6.61	5.79	5.41	5.19	5.05	4.95	4.88	4.82	4.77	4.74	4.68	4.62	4.56	4.53	4.50	4.46	4.44	4.41	4.37
6	5.99	5.14	4.76	4.53	4.39	4.28	4.21	4.15	4.10	4.06	4.00	3.94	3.87	3.84	3.81	3.77	3.75	3.71	3.67
7	5.59	4.74	4.35	4.12	3.97	3.87	3.79	3.73	3.68	3.64	3.57	3.51	3.44	3.41	3.38	3.34	3.32	3.27	3.23
8	5.32	4.46	4.07	3.84	3.69	3.58	3.50	3.44	3.39	3.35	3.28	3.22	3.15	3.12	3.08	3.04	3.02	2.97	2.93
9	5.12	4.26	3.86	3.63	3.48	3.37	3.29	3.23	3.18	3.14	3.07	3.01	2.94	2.90	2.86	2.83	2.80	2.76	2.71
10	4.96	4.10	3.71	3.48	3.33	3.22	3.14	3.07	3.02	2.98	2.91	2.85	2.77	2.74	2.70	2.66	2.64	2.59	2.54
11	4.84	3.98	3.59	3.36	3.20	3.09	3.01	2.95	2.90	2.85	2.79	2.72	2.65	2.61	2.57	2.53	2.51	2.46	2.40
12	4.75	3.89	3.49	3.26	3.11	3.00	2.91	2.85	2.80	2.75	2.69	2.62	2.54	2.51	2.47	2.43	2.40	2.35	2.30
13	4.67	3.81	3.41	3.18	3.03	2.92	2.83	2.77	2.71	2.67	2.60	2.53	2.46	2.42	2.38	2.34	2.31	2.26	2.21
14	4.60	3.74	3.34	3.11	2.96	2.85	2.76	2.70	2.65	2.60	2.53	2.46	2.39	2.35	2.31	2.27	2.24	2.19	2.13
15	4.54	3.68	3.29	3.06	2.90	2.79	2.71	2.64	2.59	2.54	2.48	2.40	2.33	2.29	2.25	2.20	2.18	2.12	2.07
16	4.49	3.63	3.24	3.01	2.85	2.74	2.66	2.59	2.54	2.49	2.42	2.35	2.28	2.24	2.19	2.15	2.12	2.07	2.01
17	4.45	3.59	3.20	2.96	2.81	2.70	2.61	2.55	2.49	2.45	2.38	2.31	2.23	2.19	2.15	2.10	2.08	2.02	1.96
18	4.41	3.55	3.16	2.93	2.77	2.66	2.58	2.51	2.46	2.41	2.34	2.27	2.19	2.15	2.11	2.06	2.04	1.98	1.92
19	4.38	3.52	3.13	2.90	2.74	2.63	2.54	2.48	2.42	2.38	2.31	2.23	2.16	2.11	2.07	2.03	2.00	1.94	1.88
20	4.35	3.49	3.10	2.87	2.71	2.60	2.51	2.45	2.39	2.35	2.28	2.20	2.12	2.08	2.04	1.99	1.97	1.91	1.84
21	4.32	3.47	3.07	2.84	2.68	2.57	2.49	2.42	2.37	2.32	2.25	2.18	2.10	2.05	2.01	1.96	1.94	1.88	1.81
22	4.30	3.44	3.05	2.82	2.66	2.55	2.46	2.40	2.34	2.30	2.23	2.15	2.07	2.03	1.98	1.94	1.91	1.85	1.78
23	4.28	3.42	3.03	2.80	2.64	2.53	2.44	2.37	2.32	2.27	2.20	2.13	2.05	2.01	1.96	1.91	1.88	1.82	1.76
24	4.26	3.40	3.01	2.78	2.62	2.51	2.42	2.36	2.30	2.25	2.18	2.11	2.03	1.98	1.94	1.89	1.86	1.80	1.73
25	4.24	3.39	2.99	2.76	2.60	2.49	2.40	2.34	2.28	2.24	2.16	2.09	2.01	1.96	1.92	1.87	1.84	1.78	1.71
30	4.17	3.32	2.92	2.69	2.53	2.42	2.33	2.27	2.21	2.16	2.09	2.01	1.93	1.89	1.84	1.79	1.76	1.70	1.62
40	4.08	3.23	2.84	2.61	2.45	2.34	2.25	2.18	2.12	2.08	2.00	1.92	1.84	1.79	1.74	1.69	1.66	1.59	1.51
50	4.03	3.18	2.79	2.56	2.40	2.29	2.20	2.13	2.07	2.03	1.95	1.87	1.78	1.74	1.69	1.63	1.60	1.52	1.44
100	3.94	3.09	2.70	2.46	2.31	2.19	2.10	2.03	1.97	1.93	1.85	1.77	1.68	1.63	1.57	1.52	1.48	1.39	1.28
∞	3.84	3.00	2.60	2.37	2.21	2.10	2.01	1.94	1.88	1.83	1.75	1.67	1.57	1.52	1.46	1.39	1.35	1.24	1.00

付表 5-2　F 分布表

$P(F \geq F_{m,n}(\alpha)) = \alpha$ となる $F_{m,n}(\alpha)$ の値 $(\alpha = 0.025)$

n＼m	1	2	3	4	5	6	7	8	9	10	12	15	20	24	30	40	50	100	∞
1	647.8	799.5	864.2	899.6	921.8	937.1	948.2	956.7	963.3	968.6	976.7	984.9	993.1	997.2	1001.4	1005.6	1008.1	1013.2	1018.3
2	38.51	39.00	39.17	39.25	39.30	39.33	39.36	39.37	39.39	39.40	39.41	39.43	39.45	39.46	39.46	39.47	39.48	39.49	39.50
3	17.44	16.04	15.44	15.10	14.88	14.73	14.62	14.54	14.47	14.42	14.34	14.25	14.17	14.12	14.08	14.04	14.01	13.96	13.90
4	12.22	10.65	9.98	9.60	9.36	9.20	9.07	8.98	8.90	8.84	8.75	8.66	8.56	8.51	8.46	8.41	8.38	8.32	8.26
5	10.01	8.43	7.76	7.39	7.15	6.98	6.85	6.76	6.68	6.62	6.52	6.43	6.33	6.28	6.23	6.18	6.14	6.08	6.02
6	8.81	7.26	6.60	6.23	5.99	5.82	5.70	5.60	5.52	5.46	5.37	5.27	5.17	5.12	5.07	5.01	4.98	4.92	4.85
7	8.07	6.54	5.89	5.52	5.29	5.12	4.99	4.90	4.82	4.76	4.67	4.57	4.47	4.41	4.36	4.31	4.28	4.21	4.14
8	7.57	6.06	5.42	5.05	4.82	4.65	4.53	4.43	4.36	4.30	4.20	4.10	4.00	3.95	3.89	3.84	3.81	3.74	3.67
9	7.21	5.71	5.08	4.72	4.48	4.32	4.20	4.10	4.03	3.96	3.87	3.77	3.67	3.61	3.56	3.51	3.47	3.40	3.33
10	6.94	5.46	4.83	4.47	4.24	4.07	3.95	3.85	3.78	3.72	3.62	3.52	3.42	3.37	3.31	3.26	3.22	3.15	3.08
11	6.72	5.26	4.63	4.28	4.04	3.88	3.76	3.66	3.59	3.53	3.43	3.33	3.23	3.17	3.12	3.06	3.03	2.96	2.88
12	6.55	5.10	4.47	4.12	3.89	3.73	3.61	3.51	3.44	3.37	3.28	3.18	3.07	3.02	2.96	2.91	2.87	2.80	2.73
13	6.41	4.97	4.35	4.00	3.77	3.60	3.48	3.39	3.31	3.25	3.15	3.05	2.95	2.89	2.84	2.78	2.74	2.67	2.60
14	6.30	4.86	4.24	3.89	3.66	3.50	3.38	3.29	3.21	3.15	3.05	2.95	2.84	2.79	2.73	2.67	2.64	2.56	2.49
15	6.20	4.77	4.15	3.80	3.58	3.41	3.29	3.20	3.12	3.06	2.96	2.86	2.76	2.70	2.64	2.59	2.55	2.47	2.40
16	6.12	4.69	4.08	3.73	3.50	3.34	3.22	3.12	3.05	2.99	2.89	2.79	2.68	2.63	2.57	2.51	2.47	2.40	2.32
17	6.04	4.62	4.01	3.66	3.44	3.28	3.16	3.06	2.98	2.92	2.82	2.72	2.62	2.56	2.50	2.44	2.41	2.33	2.25
18	5.98	4.56	3.95	3.61	3.38	3.22	3.10	3.01	2.93	2.87	2.77	2.67	2.56	2.50	2.44	2.38	2.35	2.27	2.19
19	5.92	4.51	3.90	3.56	3.33	3.17	3.05	2.96	2.88	2.82	2.72	2.62	2.51	2.45	2.39	2.33	2.30	2.22	2.13
20	5.87	4.46	3.86	3.51	3.29	3.13	3.01	2.91	2.84	2.77	2.68	2.57	2.46	2.41	2.35	2.29	2.25	2.17	2.09
21	5.83	4.42	3.82	3.48	3.25	3.09	2.97	2.87	2.80	2.73	2.64	2.53	2.42	2.37	2.31	2.25	2.21	2.13	2.04
22	5.79	4.38	3.78	3.44	3.22	3.05	2.93	2.84	2.76	2.70	2.60	2.50	2.39	2.33	2.27	2.21	2.17	2.09	2.00
23	5.75	4.35	3.75	3.41	3.18	3.02	2.90	2.81	2.73	2.67	2.57	2.47	2.36	2.30	2.24	2.18	2.14	2.06	1.97
24	5.72	4.32	3.72	3.38	3.15	2.99	2.87	2.78	2.70	2.64	2.54	2.44	2.33	2.27	2.21	2.15	2.11	2.02	1.94
25	5.69	4.29	3.69	3.35	3.13	2.97	2.85	2.75	2.68	2.61	2.51	2.41	2.30	2.24	2.18	2.12	2.08	2.00	1.91
30	5.57	4.18	3.59	3.25	3.03	2.87	2.75	2.65	2.57	2.51	2.41	2.31	2.20	2.14	2.07	2.01	1.97	1.88	1.79
40	5.42	4.05	3.46	3.13	2.90	2.74	2.62	2.53	2.45	2.39	2.29	2.18	2.07	2.01	1.94	1.88	1.83	1.74	1.64
50	5.34	3.97	3.39	3.05	2.83	2.67	2.55	2.46	2.38	2.32	2.22	2.11	1.99	1.93	1.87	1.80	1.75	1.66	1.55
100	5.18	3.83	3.25	2.92	2.70	2.54	2.42	2.32	2.24	2.18	2.08	1.97	1.85	1.78	1.71	1.64	1.59	1.48	1.35
∞	5.02	3.69	3.12	2.79	2.57	2.41	2.29	2.19	2.11	2.05	1.94	1.83	1.71	1.64	1.57	1.48	1.43	1.30	1.00

索　引

あ 行

一様分布　uniform distribution　46
一致推定量　consistent estimator　81
上側 α 点　upper α-point　50, 74, 109
上側 $100\,\alpha$ % 点　upper $100\,\alpha$ %-point 50, 74, 109
ウェルチの検定　Welch's t-test　117

か 行

回帰係数　regression coefficient　16
回帰直線　regression line　16
階級　class　2
階級値　class mark　2
階級の幅　class interval　2
確率　probability　22
確率の加法定理　addition rule of probability　25
確率の乗法定理　multiplication rule of probability　27
確率分布　probability distribution　35
確率分布表　table of probability distribution　35
確率変数　random variable　35
（確率変数の）期待値　expectation　36
（確率変数の）共分散　covariance　64
（確率変数の）相関係数　correlation coefficient　64
（確率変数の）独立　independence of random variables　58
（確率変数の）標準偏差　standard deviation 38
（確率変数の）分散　variance　38
（確率変数の）平均　mean　36
確率密度関数　probability density function　44
仮説　hypothesis　88
仮説の検定　hypothesis testing　88
片側検定　one-sided test　92
観測度数　observed frequency　99
ガンマ関数　gamma function　108

さ 行

ガンマ分布　gamma distribution　125
幾何分布　geometric distribution　135
棄却域　rejection region　89
危険率　critical level, significance level 89
期待度数　expected frequency　99
帰無仮説　null hypothesis　88
逆分布表　inverse normal distribution table　49
共分散　covariance　12
空事象　empty event　24
区間推定　interval estimation　81
検定統計量　test statistic　89
堅牢性　robustness　5
コーシー分布　Cauchy distribution　124
根元事象　elementary event　22

最小 2 乗法　least square method　16
再生性　reproducibility　69
最頻値　mode　5
最尤推定値　maximum likelihood estimate　129
最尤推定量　maximum likelihood estimator　129
最尤法　maximum likelihood method 129
散布図　scatter plot　12
試行　trial　22
事後確率　posterior probability　31
事象　event　22
（事象の）独立　mutually independent 28
指数分布　exponential distribution 132, 134
事前確率　prior probability　31
実現値　observed value　80
四分位数　quartile　5
四分位範囲　interquartile range　5
四分位偏差　quartile deviation　5

索　　引　　**155**

自由度 n の χ^2 分布　χ-square distribution with n degrees of freedom　74

自由度 n の t 分布　t-distribution with n degrees of freedom　76

自由度 (m, n) の F 分布　F-distribution with m and n degrees of freedom　109

周辺確率密度関数　marginal probability distribution function　58

周辺分布　marginal distribution　57

受容する　accept　89

条件付き確率　conditional probability　27

小標本　small sample　71

信頼度　confidence level　82

信頼率　confidence level　82

推定値　estimate　80

推定量　estimator　80

スタージェスの公式　Sturges' formula　2

正規分布　normal distribution　48

正規分布の再生性　reproducibility of normal distribution　125

正規分布表　normal distribution table　48

正規母集団　normal population　70

正の相関　positive correlation　12

積事象　intersection of events　24

積率　moment　123

積率母関数　moment generating function　123

全事象　whole event　22

全数調査　complete survey　66

相関　correlation　12

相関係数　correlation coefficient　12

相関図　correlation diagram　12

相対度数　relative frequency　2

た 行

大数の法則　law of large numbers　68

対数尤度　log-likelihood　129

代表値　representative value　3

大標本　large sample　71

対立仮説　alternative hypothesis　88

第 1 四分位数　first quartile, lower quartile　5

第 2 四分位数　second quartile, median　5

第 3 四分位数　third quartile, upper quartile　5

互いに独立　mutually independent　28, 29, 57, 58

互いに排反　mutually exclusive　24

チェビシェフの不等式　Chebyshev's inequality　55

中央値　median　4

抽出する　sampling　66

中心極限定理　central limit theorem　71

直線的な相関　linear correlation　14

データ　data　1

適合度の検定　test of goodness of fit　99

点推定　point estimation　80

統計的検定　statistical test　88

(統計の) 平均　mean　3

統計量　statistic　67

同時確率分布　joint probability distribution　57

同時確率密度関数　joint probability distribution function　58

等分散の検定　test of equality of variances　112

同様に確からしい　equally likely　22

特性関数　characteristic function　126

独立試行　independent trial　30

独立性の検定　test of independence　101

度数　frequency　2

度数分布表　frequency table　2

な 行

二項分布　binomial distribution　40

二項分布の再生性　reproducibility of binomial distribution　124

二項母集団　binomial population　72

2 次元確率分布　2-dimensional probability distribution　56–58

2 次元確率変数　2-dimensional random variable　56

156　　　索　引

は 行

箱ひげ図　box and whisker plot　6
外れ値　outlier　5
範囲　range　5
半整数補正　half-integer correction,
continuity correction　53
反復試行　repeated trials　30
ヒストグラム　histogram　2
左片側検定　left-sided test　92
非復元抽出　sampling without
replacement　56, 66
標準化　standardization　39
標準正規分布　standard normal
distribution　48
標準偏差　standard deviation　8
標本　sample　66
標本調査　sample survey　66
標本の大きさ　sample size　66
標本標準偏差　sample standard deviation
67
標本比率　sample proportion　73
標本分散　sample variance　67
標本分布　sampling distribution　67
標本平均　sample mean　67
復元抽出　sampling with replacement
57, 66
負の相関　negative correlation　12
不偏推定量　unbiased estimator　80
不偏性　unbiasedness　80
不偏分散　unbiased variance　69
分割表　contingency table　102
分散　variance　8
（平均値のまわりの）積率　moment around
mean　123
ベイズの定理　Bayes' theorem　32
ベータ関数　beta function　108
ベルヌーイ分布　Bernoulli distribution
128
偏差　deviation　8
偏差値　deviation value, standard score
9
変量　variate　1, 66
ポアソン分布　Poisson distribution　42
母集団　population　66

母集団の大きさ　population size　66
母集団分布　population distribution
66
母数　parameter　67
母標準偏差　population standard
deviation　67
母比率　population proportion　72
母比率の検定　population proportion test
96
母分散　population variance　66
母平均　population mean　66
母平均の差の検定　test of the difference of
population means　113

ま 行

右片側検定　right-sided test　92
無作為抽出　random sampling　66
無作為標本　random sample　66
メジアン　median　4
モード　mode　5

や 行

有効　efficient　81
尤度関数　likelihood function　129
尤度方程式　equation of likelihood　129
要素　element　66
余事象　complementary event　24

ら 行

離散型確率分布　discrete probability
distribution　35
離散型確率変数　discrete random variable
44
両側検定　two-sided test　92
両側指数分布　two-sided exponential
distribution　134
両側 α 点　two-sided α-point　76
両側 100α ％ 点　two-sided 100α ％-point
76
累積相対度数　cumulative relative
frequency　2
累積度数　cumulative frequency　2
（累積）分布関数　cumulative distribution
function　47
レヴィの連続性定理　Lévy's continuity
theorem　126, 127

レンジ　range　5

連続型確率変数　continuous random variable　44

連続型 2 次元確率変数　continuous 2-dimensional random variable　58

ロジスティック回帰　logistic regression　132

ロバストネス　robustness　5

わ 行

和事象　union of events　24

英 字

χ^2 分布　χ-square distribution　74

χ^2 分布の再生性　reproducibility of χ square distribution　125

F 分布　F-distribution　109

t 検定　t-test　94

t 分布　t-distribution　76

$100(1-\alpha)\%$ 信頼区間　$100(1-\alpha)\%$ confidence interval　82

$100(1-\alpha)\%$ 信頼限界　$100(1-\alpha)\%$ confidence limits　82

執筆者（五十音順）

新井　達也 <small>あらい　たつや</small>	筑波技術大学教授	
五十川　読 <small>いそがわ　さとる</small>	熊本高等専門学校名誉教授	
上松　和弘 <small>うえまつ　かずひろ</small>	鶴岡工業高等専門学校名誉教授	
奥村　昌司 <small>おくむら　しょうじ</small>	舞鶴工業高等専門学校教授	
友安　一夫 <small>ともやす　かずお</small>	都城工業高等専門学校教授	
中村　元 <small>なかむら　げん</small>	松江工業高等専門学校名誉教授	
西川　雅堂 <small>にしかわ　まさたか</small>	鳥羽商船高等専門学校教授	
濵田さやか <small>はまだ</small>	熊本高等専門学校准教授	
南　貴之 <small>みなみ　たかゆき</small>	香川高等専門学校名誉教授	

終わりに，次の先生方にはこの本の編集にあたり，有益なご意見や，周到なご校閲をいただいた．深く謝意を表したい．

赤池　祐次	呉工業高等専門学校
川崎　雄貴	広島商船高等専門学校
佐野　照和	木更津工業高等専門学校
長尾　秀人	岐阜聖徳学園大学
松田　一秀	新居浜工業高等専門学校
向江　頼士	宮崎大学

カバー・表紙デザイン：KIS・小林　哲哉

監修者

河 東 泰 之　東京大学大学院数理科学研究科教授　　Ph.D.
かわひがし やすゆき

編著者

佐々木良勝　近畿大学工学部准教授　博士（数理科学）
さ さ き よしかつ

鈴木 香織　富山大学教養教育院教授
すずき　 かおり　　博士（数理科学）

竹縄 知之　東京海洋大学学術研究院教授
たけなわ ともゆき　　博士（数理科学）

LIBRARY 工学基礎 & 高専 TEXT = CKM–T5
確率統計

2024 年 10 月 25 日ⓒ　　　　　　　　　　初 版 発 行

監修者　河 東 泰 之　　　　　発行者　矢 沢 和 俊
編著者　佐々木良勝　　　　　印刷者　小宮山恒敏
　　　　鈴 木 香 織
　　　　竹 縄 知 之

【発行】　　　　株式会社　数理工学社
〒151–0051　東京都渋谷区千駄ヶ谷 1 丁目 3 番 25 号
☎ (03) 5474–8661（代）　　　サイエンスビル

【発売】　　　　株式会社　サイエンス社
〒151–0051　東京都渋谷区千駄ヶ谷 1 丁目 3 番 25 号
営業☎ (03) 5474–8500（代）　　振替 00170–7–2387
FAX☎ (03) 5474–8900

印刷・製本　小宮山印刷工業（株）

≪検印省略≫

サイエンス社・数理工学社の　　本書の内容を無断で複写複製することは，著作者および
ホームページのご案内　　　　出版者の権利を侵害することがありますので，その場合
　　　　　　　　　　　　　　には あらかじめ小社あて許諾をお求め下さい.
https://www.saiensu.co.jp
ご意見・ご要望は　　　　　　　ISBN978–4–86481–115–6
suuri@saiensu.co.jp まで.　　　PRINTED IN JAPAN

概説 確率統計 [第3版]
前園宜彦著　2色刷・A5・本体1500円

ガイダンス 確率統計
基礎から学び本質の理解へ
石谷謙介著　2色刷・A5・本体2000円

コア・テキスト **確率統計**
河東監修・西川著　2色刷・A5・本体1800円

理工基礎 **確率とその応用**
逆瀬川浩孝著　2色刷・A5・本体1800円

統計の基礎
－考え方と使い方－
ジョンソン／リーバート共著
西平・村上共訳　A5・本体1311円

統計解析入門 [第3版]
篠崎・竹内共著　2色刷・A5・本体2300円

基本演習 **確率統計**
和田秀三著　2色刷・A5・本体1700円

詳解演習 **確率統計**
前園宜彦著　2色刷・A5・本体1800円

＊表示価格は全て税抜きです.

サイエンス社

統計的データ解析の基本

山田・松浦共著　2色刷・Ａ5・本体2550円

多変量解析法入門

永田・棟近共著　2色刷・Ａ5・本体2200円

実習 Ｒ言語による統計学

内田・笹木・佐野共著　2色刷・Ｂ5・本体1800円

実習 Ｒ言語による多変量解析
－基礎から機械学習まで－

内田・佐野(夏)・佐野(雅)・下野共著　2色刷・Ｂ5・本体1600円

実験計画法の活かし方
－技術開発事例とその秘訣－

山田編著　葛谷・久保田・澤田・角谷・吉野共著
2色刷・Ａ5・本体2700円

データ科学入門Ⅰ・Ⅱ・Ⅲ

Ⅰ：データに基づく意思決定の基礎
Ⅱ：特徴記述・構造推定・予測 ─ 回帰と分類を例に
Ⅲ：モデルの候補が複数あるときの意思決定

松嶋敏泰監修・早稲田大学データ科学教育チーム著
2色刷・Ａ5・本体Ⅰ：1900円，Ⅱ：2000円，Ⅲ：1900円

＊表示価格は全て税抜きです.

サイエンス社

━/━/━/■ LIBRARY 工学基礎&高専TEXT ■━/━/━/

河東泰之 監修　佐々木良勝・鈴木香織・竹縄知之 編著

基礎数学 [第2版]
2色刷・A5・本体1750円

線形代数 [第2版]
2色刷・A5・本体1650円

微分積分 [第2版]
2色刷・A5・本体2650円

応用数学 [第2版]
2色刷・A5・本体2100円

確率統計
2色刷・A5・本体1800円

基礎数学 問題集 [第2版]
A5・本体880円

線形代数 問題集 [第2版]
A5・本体930円

微分積分 問題集 [第2版]
A5・本体1430円

確率統計 問題集
A5・本体1000円

＊表示価格は全て税抜きです.

━/━/━/発行・数理工学社／発売・サイエンス社 ━/━/━/